与孤独共处

喧嚣世界中的内心成长

SOLITUDE

A Return to the Self

[英] 安东尼·斯托尔 著
（Anthony Storr）
关凤霞 译

机械工业出版社
CHINA MACHINE PRESS

图书在版编目（CIP）数据

与孤独共处：喧嚣世界中的内心成长 /（英）安东尼·斯托尔（Anthony Storr）著；关凤霞译 . —北京：机械工业出版社，2023.8
书名原文：Solitude: A Return to the Self
ISBN 978-7-111-73531-1

Ⅰ. ①与…　Ⅱ. ①安… ②关…　Ⅲ. ①心理学 – 通俗读物　Ⅳ. ① B84-49

中国国家版本馆 CIP 数据核字（2023）第 134065 号

机械工业出版社（北京市百万庄大街 22 号　邮政编码 100037）
策划编辑：朱婧琬　　　　责任编辑：朱婧琬
责任校对：梁　园　卢志坚　　责任印制：张　博
保定市中画美凯印刷有限公司印刷
2023 年 9 月第 1 版第 1 次印刷
147mm × 210mm · 8.25 印张 · 1 插页 · 189 千字
标准书号：ISBN 978-7-111-73531-1
定价：69.00 元

电话服务　　　　　　网络服务
客服电话：010-88361066　　机　工　官　网：www.cmpbook.com
　　　　　010-88379833　　机　工　官　博：weibo.com/cmp1952
　　　　　010-68326294　　金　　书　　网：www.golden-book.com
封底无防伪标均为盗版　　机工教育服务网：www.cmpedu.com

Solitude
A Return to the Self

引 言

交谈可以增进理解，孤独却能造就天才；一部作品的风格一致往往意味着艺术家的独立创作。

——爱德华·吉本（Edward Gibbon）

吉本所言的确如是。大多数诗人、小说家、作曲家，以及一些画家和雕塑家都必然有过很长一段时间的独处时光，吉本便是如此。现在有种观点认为，人类作为社会性动物，始终需要他人的爱与陪伴，这种观点广受各种精神分析学派的追捧。人们普遍认为，就算亲密的人际关系不是唯一的幸福源泉，也一定是主要来源。然而，富有创造力的人，他们的生活似乎往往与上述观点背道而驰。比如，世上有很多最伟大的思想家，他们并没有建立家庭或拥有亲密的个人关系，比如笛卡儿、牛顿、洛克、帕斯卡、斯宾诺莎、康德、莱布尼茨、叔本华、尼采、克尔凯郭尔以及维特根斯坦等。这些天才中，有些人曾与他人有过短暂交往，有些人则始终独身，比如牛顿。不过他们全都没有过婚姻，而且大多数人一生中有过半岁月是独自生活的。

非凡的创造天赋并非人人可得。那些天赋异禀的人往往让人既敬畏又羡慕，他们通常被视为特别的存在，无法像普通人一样感知苦乐。从精神病理学的意义来讲，这种异于常人的特质是否属于病态？或者再具体一点，创造性天才对于孤独的偏好是否可以证明他们本身没有能力建立亲密关系？

不难想到的是，的确有些天才的人际关系波折不断，而且他们深受精神疾病、酗酒或毒瘾的困扰。因此，人们容易将创造天赋与精神不稳定以及缺乏建立良好人际关系的能力挂钩。从这个角度来看，获得天赐之才未必就是好事，也许具有两面性——可能带来名利，但也因此无法享受普通人的快乐。

人们通常认为，天赋异禀必然伴随精神不稳定，自弗洛伊德精神分析学问世以后，这种观点更加普遍。但这不可能是全部事实。并非每个创造性天才都会有显著的精神困扰，也不是所有孤独的人都不幸福。吉本在早期恋爱受挫以后，仍然享受了足以令人羡慕的平静、愉快的生活。他这样写道：

当我思考死亡这一问题时，我须得承认，这一生幸运之至有如中奖……我生来性格开朗、温和感性，秉性好静恶动，即使有些许顽皮嗜好或习惯，也都叫哲学或时间磨了去。对学习的热爱和热情不断地生出乐趣和活力，使我每时每日都能享受独立而又理性的愉悦，从未察觉心神衰减……按照瑞士的标准，我可被算作富人行列，而我的确富有，因为我的收入高于支出，所支出者亦能满足我所愿。幸得我的朋友谢菲尔德勋爵（Lord Sheffield）热心相助，使我无须烦心那些违我性情之事。此外或须提及，自早先情感受挫以后，我不再认真考虑建立婚姻关系。[1]

著名传记作家利顿·斯特莱切（Lytton Strachey）在其文中这样描述吉本：

一想到爱德华·吉本，“幸福”这个词就立刻涌上心头，而且还是最广义的幸福，不只是物质上的好运，还有精神上的愉悦。[2]

或许会有人指称，在听从父命放弃初恋苏珊·屈尔绍（Suzanne Curchod）以后，吉本就主动切断了幸福的主要来源，因此应该被归为病理学范畴。在吉本的生命里，性爱或许微不足道，其他的人际关系收获斐然。虽然撰写《罗马帝国衰亡史》（*The Decline and Fall of the Roman Empire*）这部巨著需要长期独立研究和写作，但吉本也享受了陪伴的快乐。他在伦敦的时候社交活跃，曾是伦敦布铎斯俱乐部（Boodle's Club）、怀特俱乐部（White's Club）、布鲁克斯俱乐部（Brooks's Club）以及文学俱乐部（The Literary Club）的会员，大家都认为他风趣又健谈。此外，他对照顾他、养育他的姨母波滕太太（Mrs Porten）有着深厚感情，而且他极善交友，他和谢菲尔德勋爵多年的深厚友情就是最好的证明。吉本偶尔也会在信中哀叹自己的孤独，还曾戏言要收养一个堂妹。但关于结婚的想法就像白日梦一样很快被他抛于脑后了。

我曾幻想婚姻可能带来的所有结果，当即如梦初醒，又欣喜于从中逃离，并为自己仍然享有生来的自由而无比感恩。[3]

如今有人主张，真正的幸福只存在于亲密关系中，特别是性满足之中，可是这种主张无法解释像吉本这样的情况。可以明确的是，虽然吉本不乏友情，但他的自我价值和快乐主要源自他的工作，正如他的自传最后那句名言所说。

垂暮之年里，希望的慰藉是父母的温柔以待，给予孩子新生；是基督教徒的信仰，高唱“哈利路亚”的歌声飘入云霄；还是作家的虚荣，相信自己的名字和作品将永垂不朽。[4]

吉本是一个典型的艺术家，他的语言充分显露了对人类的愚蠢和奢侈的讽刺与摒弃。因此，像卢梭和柯勒律治这样的浪漫主义者对他便颇有嫌恶。吉本的作品里极少出现对人类的同情：性通常只是娱乐的一种，而宗教不过就是迷信。不过，保持这样的态度，才使他能够完成如此鸿篇巨制。他把时间跨度如此之长且纷繁复杂的历史写得井然有序，这需要足够高远的目光。吉本的人性光辉没有出现而且也不可能出现在他的历史长篇里，但他与朋友之间的温润情谊足以体现他的人性。按照过去的大多数标准，像吉本这样可以说是非常均衡的状态了。但自从弗洛伊德强调异性爱是心理健康的必要条件以后，人们会怀疑吉本是否真的比常人要快乐和成功。

其实，不只天才能从非个人关系中找到人生的主要价值。我认为，不管是写历史、养信鸽、投资股票、设计飞机，还是弹钢琴、做园艺，只要是有兴趣，就能够因此获得幸福，而且程度远超出现代精神分析学家及其拥趸的预料。伟大的创造者们是证明这一论点的最好例证，因为他们的作品可以流传下来，相对不那么显山露水的普通人则很难证明广泛而深刻的兴趣是他们生命中的主要关注。富人可能会收藏很多其他人的杰作；园艺家们可能会将他们的创意和热情转变成园艺作品，即使不能像书籍或画作那样长存，至少也可以保持数年之久。可是，如果爱好是风车或者板球的话，也许什么都不能留下。但我们一定见过这样的人，无论他们的人际关系如何，他们的人生会因为各种各样的爱好而充满意义。如今我们给人际关系附上过高的价值，这会让人际关系本身不堪重负。我们期待完美的亲密关系都能带来幸福，一旦不能带来幸福，那么一定是关系出现了问题——这种想法本身似乎就有点夸张。

当然，爱情和友情是让人生有意义的重要组成部分，但它们绝不是幸福的唯一来源。更何况人类本来就会随着时间而改变和发展，等到年老时，人际关系通常会变得不再那么重要。这也许是上天赐予的恩惠，让我们在与所爱之人死别时痛苦能够少一些。不管怎样，人际关系中总会存在某些不确定因素，以防人们将它过分理想化，把它当作满足个人需要的必需条件或唯一通途。也许正是因为人际关系在西方被理想化，才会使婚姻这种被认为是最亲密的关系反而变得很不稳定。如果我们没有指望婚姻成为幸福的首要来源，那么也许就会少一些以眼泪收场的婚姻。

我认为，天性决定了人类同时需要个人关系和非个人关系，这一特质是人类适应能力中珍贵而重要的一部分。同其他动物一样，人类基本的生理需求是维持繁衍，确保基因存续，尽管我们并没有做到。人类漫长的生命里，除了主要的繁殖期，其他时间同样具有意义。这时人们才会意识到，非个人关系对普通人而言意义更大，其实这种需求早已根植内心。

我们还会看到，一些创造者会因为某些不利因素而难以亲近他人，使他们摒弃人际关系，选择投身个人事业。但这只是一种侧重，而非完全替代。有些精神分析学家会认为，投身创造性工作一定是人类关系的替代选择，然而非也。有人可能会认为，只有配偶和家庭而没有长久爱好的人智力有限，就像那些没有配偶也没有孩子的人情感存在缺陷一样。

很多普通爱好以及大多数原创性工作都不需要人际关系。在我看来，一个人独处的过程和他参与人际互动同样重要。无论如何，人的一生有 1/3 的时间要在独自睡眠中度过。我们的生命里会出现两种相反的心理动力：一种是对爱与陪伴以及亲近他人的渴望，另一种则是对独立自主的渴望。如果一味听从精神分析理论中的“客体关系”(object-relations) 学说，那么我们作为独立个体的有效性就无从得来。按照这种说法，只有同他人产生相互关系、成为某种角色，比如配偶、父母或邻居，我们才能产生价值，即所谓的自体仅存在于与其他客体发生的相互关系当中。

不过，个人生命体验越丰富的人，对人类福祉的贡献就越有限。上文提及的那些伟大的思想家，有些人是比较自我、疏离或者说“自恋”的，相比于关心他人，他们更在意自己的内心世界。很多作家、作曲家和画家也是如此。有创造才能的人总是在寻求自我发现和自我改造，通过创作来探索世界的意义。他们觉得这样的过程很有价值，就像冥想或祈祷，虽然和其他人没有关系，但自有其意义所在。在他们看来，最重要的时刻是有了新的见解或发现，而这些时刻不一定全是，但主要是发生在独处的时候。

虽然天才少见，但天才和普通人有着同样的需求和渴望。他们将自己的思想和感知记录在作品里，将人类的追求以一种醒目的方式展现出来。虽然这些做法人人都有，但在普通人身上却无法引起注意。或许创造性天才对于孤独的需求以及对内心世界的关注，可以为我们揭示那些正在被忽略的平凡的普通人的需求。

目 录 Solitude A Return to the Self

Solitude
A Return to the Self

第1章

人际关系的意义

孤单，有什么快乐！谁能独乐？即使享尽欢乐，又怎能满足呢？

——约翰·弥尔顿（John Milton）

强调亲密人际关系的重要性，将其作为健康与幸福的试金石，这种观念是近来才有的。过去人们不会如此高估人际关系的重要性，他们或许认为只要打理日常琐事和普通工作就足够了，也可能是为了生存和生计而过多操心，根本无暇顾及人际关系之微妙。欧内斯特·盖尔纳（Ernest Gellner）㊀等观察家认为，过去人们对自然界中存在的不可预测和不安全的因素感到焦虑，而现在则变成对人际关系的过度关注和焦虑。盖尔纳认为，当今社会资源富足，大多数人已经无须惧怕疾病、贫穷、饥饿和自然灾害的侵扰，这在过去是无法想象的。然而，现代工业社会存在各种不稳定因素，社会结构在不断变化，流动性的增加也在破坏社会支柱的稳定。我们现在有了更多的选择，比如住在哪里、加入什么社群、过怎样的生活，所以我们与生命中的其他人之间的关系不再受制于过去的条条框框，由此也生出了更多的关注和焦虑。正如盖尔纳所说："我们的生活基本上是由人际关系组成的。"[1]

盖尔纳还表示，个人关系领域已经成为"最为迫切的关注"。宗教信仰的衰退加剧了我们在这一领域的焦虑。宗教信仰不仅规

㊀ 捷克裔英国哲学家和社会人类学家，英国剑桥大学社会人类学教授，是批判合理主义学派的一名领头人。——译者注

范了个人关系行为，还能作为人际关系之外的另一种选择，而且更加稳定、可以预料。人们和配偶、子女、邻里的关系可能会波折不断或者不尽如人意，但是信仰上帝之人，至少他和上帝之间的关系不会出现这些问题。

虽然我非常不赞同盖尔纳的书里关于精神分析的那些说法，但至少有一点他没有说错，那就是精神分析仿佛承诺了一种救赎方式，而要想实现这种救赎，就需要清扫人们的情感障碍或盲区，帮助他们打造令人满意的人际关系。他还说到一点：精神分析已经产生了如此广泛的影响，即使是那些并不完全信服精神分析理论的人，凡论及人类性格、人际关系等话题，都会习惯性地说到精神分析。

20 世纪，精神分析的发展出现了重大转变。最主要的变化就是更加重视患者与精神分析师之间的关系。现在的精神分析理论认为移情分析，即研究患者对分析师的情绪反应和态度，是精神分析治疗最重要的本质。诚然，正视移情的重要性是弗洛伊德、荣格等精神分析学派之间的一个主要共同点，但他们在其他理论方面仍然存在分歧。近些年来，精神分析在治疗神经症方面的有效性受到质疑，但丝毫没有影响精神分析的相关概念走向大众。比如，大多数社会工作都会非常重视来访者建立人际关系的能力，而且经常会通过建立来访者与社工之间的关系来帮助他们提高人际交往能力。

在精神分析发展的早期，移情分析并没有受到这么多的关注，业内更加注重研究患者的性心理发展历程。患者首先被视为一个独立的个体，其次才会被考虑对分析师的情感态度，而且这种移情甚至会被视为精神分析研究的阻碍因素。19 世纪末期，弗洛伊德开始研究神经症的起源，他发现患者几乎毫无例外都会出现性机能障碍。于是，从婴儿期开始研究的性发展理论成为精神分析学的发展基石，而弗洛伊德认为这是他研究的结果之一。

在弗洛伊德看来，神经症的产生与患者未能顺利度过性发育早期阶段有关，“口唇期”“肛门期”或“性器期”的固结将会阻碍人向“生殖期”过渡，即弗洛伊德所说的性成熟期。他认为，精神生活原本是受“快乐原则”支配的，即趋乐避苦的需求。而且神经系统以及精神结构本身具有降低本能冲动的强度的功能，通过寻求途径去表达冲动、释放冲动。心理健康和快乐则与性满足的实现挂钩。

人们普遍认为，一个健康快乐的人必然享有满意的性生活；相反，如果一个人出现神经质的沮丧，那么其在性释放方面一定存在问题。弗洛伊德一生都在强调本能满足的重要性，也就是实现性高潮的能力。通常默认，如果伴侣能够给予对方性满足，那么他们情感关系中的其他方面都不是问题。性满足成了检验亲密关系完整度的试金石。如果患者能够克服性发育未成熟期形成的固结，顺利进入生殖期，那么他就能够与别人建立平等互利的关系。

弗洛伊德认为，我们一定能从神经症患者的儿童早期阶段寻找到病源，精神分析学家的工作就是帮助患者重新唤醒那些一直被压抑着的痛苦或难以启齿的早期创伤记忆。结合同事约瑟夫·布洛伊尔（Josef Breuer）的研究，弗洛伊德发现，如果癔病患者能够想起导致某一症状发生的具体情况或事件，并且再次体验类似情况引起的感受，那么这种症状将会消失。随着治疗的病症种类增多，弗洛伊德对早期创伤性事件的关注有所减少，他开始关注患者成长的整个情绪环境；不过他对神经症状源自五岁之前发生的事件这一观点并未改观。

因此，精神分析可被视为一种历史重建，一种挖掘患者早期经历、感受和幻想的方式。治疗的过程中，治疗师无须探究患者当下的个人关系，也不用亲友参与其中，主要是关注患者对于过去某个阶段的主观反应，这个阶段也许患者自己都不曾重视或了解。

精神分析时常因为过于孤立地对待患者，不考虑他们的家人和朋友而受到抨击。患者的家人和朋友通常会感到气恼，因为精神分析治疗一般不会要求他们参与分析过程，治疗师也不会跟他们见面，或向他们问询患者在家中的行为举止和人际关系情况。不过，如果精神分析理论的初始形式被人们所接受，那么治疗过程无须患者的亲友参与就可以理解了。因为除了患者自己，没人能够了解他在早期儿童阶段的幻想和感受。就算是父母能够提供患者童年时期的详细记述，也无法获得精神分析师想要了解的东西——不是事件本身，而是患者自己对儿时发生的这些事件的主观反应。

弗洛伊德一开始进行精神分析治疗时，根本没有料到自己会在情感上对患者产生重要影响。他本来只想将精神分析发展为一门“研究心理的科学”，成为和解剖学、生理学一样客观的基础科学。他将自己视为一名独立的观察员，以为患者会像对待其他领域的普通医生一般对待自己。后来他发现事实并非如此，患者会对他产生和表达爱恨情绪，但他并不认为这是关于当下的真实反应和表达，而是患者关于过去某种情绪的延续表达，并被“转移”到了分析师身上。

起初弗洛伊德对移情感到厌恶，后来他才意识到移情的重要作用，1910 年，他在给友人奥斯卡·普菲斯特（Oskar Pfister）的信中这样写道：

移情简直就是个魔咒。这种在疾病治疗中产生的情感冲动十分猛烈而且难解，因此我不得不放弃使用间接暗示和催眠暗示的方法，但即使采用精神分析法，也仍然不能将其根除；只能对其稍加抑制，但冲动依然会显著存在，形成移情。[2]

在《精神分析引论》(*Introductory Lectures on Psycho-Analysis*) 第 27 讲中，弗洛伊德重申了他对移情的看法：一定不能认为移情真实存在。

为了克服移情，我们需要向患者明确指出，他的相关感受不是来自当下的情景，也不是面向眼前的医生，而是在重复过去发生的某个场景。这样我们就能迫使患者将这种重复式感受转为记忆。[3]

自弗洛伊德之后，或者更准确地讲，自精神分析学的“客体关系”理论诞生以后，对移情的理解和解释受到了重视。大部分精神分析师、社工及其他“助人行业”人员无不将亲密的个人关系视为人类快乐的主要来源。相反，如果一个人无法享受亲密关系带来的满足，那么他会被人们视为神经质、不成熟或者某些方面存在异常。现在，无论是针对个人还是群体，大多数心理治疗模式都在围绕人际关系展开，研究患者与过去某些重要的人之间的关系存在哪些问题，然后帮助他们在未来建立更加丰富而满意的人际关系。

鉴于过去的关系能够影响人们对于新关系的期望，如果患者将咨询师视为一个新的重要的存在，那么他对咨询师的态度就能成为重要的信息来源，用于了解其过去产生的心理问题，同时还有机会纠正这些问题。举个简单的例子，经历过被抛弃和虐待的患者在接触咨询师的过程中，可能也会产生被抛弃和虐待的预期，当然患者自己也许完全意识不到这种预期正在影响他对咨询师的态度。如果患者能够意识到他错误预设了别人对待他的方式，同时又切实感受到了咨询师给予的超出自己预期的善意和理解，那么患者对于关系的预期就有可能彻底改变，继而能够与他人建立比过去更好的关系。

如上所述，弗洛伊德认为精神分析对象产生的关于咨询师的所有情感并非真实存在，或者将这些情感解释为受过去的影响而产生。然而现在有很多咨询师意识到这些情感并非仅仅是儿童时期的冲动和幻想的再现。在某些情况下，这些情感是患者想要弥补儿时的某些缺失的心理产物。精神分析对象可能会在一段时间内将咨询师当作他们在现实中未曾拥有过的理想父母。这种体验也许能够产生很好的疗愈效果，通过任何草率的解读或将其定义为错觉而消除这种体验都是错误的。

前面提到，弗洛伊德认为精神分析咨询师的工作就是帮助患者移除障碍，让他们能够以成熟的方式表达自己的本能驱力。如果这项工作能够完成，那么我们认为患者处理关系的能力也会得到提升。然而，现代的咨询师们却颠倒了顺序。他们先考虑的是人际关系，而后才是本能满足的实现。也就是说，如果精神分析对象能够毫无焦虑地与他人建立良好的平等关系，那么就可以假设该对象能够正常表达本能驱力，实现性满足。客体关系理论学家认为，人类从出生开始就一直在寻求“关系”，而不只是渴望本能满足。他们认为神经症是建立良好关系失败的一种表现，而非性驱力受到抑制或未能得到充分发展所带来的问题。

因为患者会对分析师产生这种整体的情感态度或者一系列的态度反应，所以移情被视为精神分析治疗的一个核心特质，它不再被当成是过去的遗留物，不再是什么“诅咒”，甚至也不是弗洛伊德后来认为的所谓“极大的助力”，他之所以会这么想，是因为移情确实帮助他改变了患者的态度。现在精神分析咨询师往往会花费大量的时间来观察和评估患者对咨询师的情感态度，判断患者是否恐惧、是否顺从、是否争强好斗、是否沉默孤僻、是否焦虑不安。这些态度其实是有根可循的，只是需要去挖掘，但挖掘的重点有所不同。患者对咨询师的态度是经过意识歪曲的，通过研究这种态度，咨询师能够利用这种歪曲来理解患者与他人的关系。要让这种方式有效，就要肯定当下的关系状态是真实存在的，而非仅仅是童年时期的情景再现。

精神分析的体验可以说是独一无二的，毕竟其他普通的社交过程不会这样详细研究一方对另一方的反应态度。日常生活中也不会有如此忠实的倾听者，给你足够的时间和关注，以专业视角看待你的问题，而且除了专业咨询的酬劳外，不求任何回报。患者可能一生都不会遇到这样一个人，因为在一般情况下，且不说给予这般程度的关注，就是简单的倾听，人们也未必能做到。如此一来，咨询师对患者的重要程度可想而知。认识到这些情感真实存在的同时，咨询师还需要了解移情中会存在源自患者儿时经历的不合常理的扭曲因素。

重视人际关系和移情作用并不是所有精神分析治疗的特色，但这确实是一些精神分析学家和心理治疗师的共性，他们可能受过不同精神分析学派的洗礼，但至少在以下两点上存在共识：一是神经症多与早期亲子关系中的问题有关；二是健康快乐完全依赖于亲密关系的维持与稳定。

世上没有完全相同的两个孩子，基因差异可能对儿童成长产生重要影响。父母相同，但孩子可能完全不同。尽管如此，我依然相信，之后人生中出现的神经症问题与患者早期的家庭情感经历存在一定关联。

但是，我不太认同亲密关系是健康快乐的唯一来源。现下有一种危险的风气，那就是爱被美化成了救赎的唯一通途。当被问到心理健康的构成因素是什么，弗洛伊德的答案是：爱的能力和工作的能力。显然，我们过分强调了前者，而忽视了后者的重要性。在众多分析案例中，人们只注重人际关系，而由此忽略了对其他自我实现方式的探寻，同时也疏于研究个人内心深处的动态变化。

一些精神分析学家发展出了一套与弗洛伊德的本能理论相对的客体关系理论，代表人物有梅兰妮·克莱因（Melanie Klein）、唐纳德·温尼科特（Donald Winnicott）和罗纳德·费尔贝恩（Ronald Fairbairn）。然而，这个领域最重要的人物是约翰·鲍尔比（John Bowlby），他的《依恋三部曲》(*Attachment and Loss*)启发了大量新的研究，为我们了解人的本质做出了极大贡献，其地位之重可谓理所应当。

鲍尔比认为，人类最基本的需求是从婴儿时期开始形成的对良性互动的人际关系的需求，这种对“依恋”的需求远超出对性满足的需求。鲍尔比的理论是动物行为学和精神分析学的结合。虽然我们经常会将依恋与性满足相联系，但二者区别鲜明。鲍尔比的这一理论拓宽了人的本质与人际关系的精神分析视角，使其与其他领域学说的研究结果更加一致。

鲍尔比的《依恋三部曲》源自他在世界卫生组织（WHO）展开的对流浪儿童心理健康的研究工作。后来他开始研究母亲的短暂离开对幼儿产生的影响，从而使人们更加理解幼儿或幼儿的母亲不得不住院时，或者在类似的情况下，幼儿所感受到的痛苦。

婴儿成长到 7 ～ 9 个月时，开始对某一固定对象产生特别的依恋。在这个阶段，婴儿会抗拒陌生人的亲近，更加依赖母亲或其他熟悉的人。母亲成为婴儿的安全基地，只要母亲在身边，婴儿就能更加大胆地探索和玩耍。如果依恋对象抽身离去，哪怕是极短的时间，婴儿通常也会表示抗议。而像住院这种长期分离会导致婴儿产生一系列固定反应，这些现象由鲍尔比首次提出。婴儿首先愤怒地抗议，一段时间以后他们会感到绝望，并表现出静默悲伤和淡漠疏离。再过一段时间，他们会对依恋对象的离去彻底冷漠、无动于衷。从“抗议”到“绝望”再到“冷漠”这一顺序是幼儿在与母亲分离之后产生的固定反应。

这一理论得到了充分的事实证明，于是鲍尔比推论，成人维持良好关系的能力取决于他在儿时与依恋对象的相处经历。如果依恋对象在幼儿早期阶段提供了持续而稳定的陪伴，那么幼儿将会拥有充足的安全感和自信。等到成年以后，这种自信会给予他信任和爱的能力，而基于爱与信任的两性关系中，性满足的实现自然也就不是问题了。

然而，依恋的质量和强度会因人而异，一方面取决于母亲回应和对待婴儿的方式，另一方面则无疑取决于先天的基因差异。虽然不同的孩子对于母亲离去的反应趋于相同，但随着离去时间的延长，孩子的反应可能会因情况而异。研究表明，在福利院长大的孩子会比在核心家庭长大的孩子更具破坏性、索求更多。尽管没有完全经过验证，但是有迹象表明，在福利院长大的孩子长大以后会比在温暖亲密的家庭里成长出来的孩子难以建立亲密关系。实验表明，与母亲分离的幼猴在成年以后难以建立正常的社会关系及性关系。不过，人类拥有出色的适应能力，即使孩子长期遭受孤独和虐待，只要环境向好发展，他们就能复原。

在《依恋三部曲》第一卷的第 12 章中，鲍尔比从生物学角度探讨了依恋的本质和作用。基于其对人类及其他物种的依恋行为的广泛认知，鲍尔比得出结论，依恋行为最初的作用是为了避免被猎食者伤害。首先，他指出落单的动物往往会比成群结队的动物更容易被猎食者攻击。其次，他指出这样一个事实：不管是人类还是其他动物，依恋行为特别容易出现在年幼、生病或怀孕的个体身上，因为这些个体更脆弱、易受攻击。最后，危险情况发生时，人们必然会向周围寻求依靠，以分担危险。到了现代社会，猎食者带来的危险已不复存在，但人们依然要面对其他形式的威胁。

这种生物学解释颇有道理。现代人的应激模式仿佛早已预设，这种模式更适合靠狩猎采集为生的原始部落，而不是我们生活的 20 世纪末的西方都市。[1]我们在面对威胁时所表现出来的攻击性，以及对陌生人的过分猜疑，将这种预设模式体现得淋漓

---

[1] 本书写作于 20 世纪 80 年代末。——编者注

尽致。这两种反应在古代原始部落并无不可，但是在核灾难可能发生的时代里，实在是有些危险。

鲍尔比指出重要一点，那就是依恋不同于依附。确实，人类需要很长时间来成长。从出生到性成熟就占了人生 1/4 的时间，而人类的寿命比其他任何哺乳动物都要长。刚出生时的无助阶段加上较长的儿童时期，让我们有机会向年长者学习，一般我们会认为这是人类需要较长时间进入成熟期的生物学原因。人类适应世界依赖于学习和文化的代际传递。人的依赖感在出生时最高，因为刚出生的婴儿处于最无助的状态。相比之下，依恋在婴儿 6 个月大时才会显现。随着人不断成熟，依赖会逐渐消失，而依恋会贯穿人生始终。我们说一个人有依赖心理，是指他不够成熟。但一个人要是没有渴望亲密的依恋心理，我们会认为这个人存在某些问题。在西方社会，极度渴望脱离人际关系是一种心理疾病。有些慢性精神分裂症患者的生活里甚至根本不存在人际关系。拥有建立平等依恋关系的能力被视为情感成熟的证据，缺乏这一能力则是病态的表现。当然，人们很少会考虑是否存在情感成熟的其他标准，比如独处的能力。

人类学家、社会学家以及心理学家都一致赞同，人作为一种社会存在，生命里不能缺少外界的支持和陪伴。除了学习，社会合作也是人类生存的重要部分，社会合作对狒狒、猩猩等其他灵长类动物同样重要。正如动物学家康拉德・洛伦兹（Konrad Lorenz）所说，人类生来既没有快腿，也没有坚硬外壳、尖牙利爪或其他什么防身利器。为了保护自己不受其他凶猛物种的伤害，同时也为了捕猎大型动物，原始人不得不学会相互合作。人类的生存依赖于合作。现代社会条件早已不像原始社会那般恶劣，但对社会交往的需求和对建立积极联系的渴望一直存在。

因此，在任何人类需求层次中，依恋需求都应该处于较高位置。诚然，一些社会学家会怀疑脱离家庭或社会群体的个体是否具有意义。在西方社会，大多数人都会赞同，亲密的家庭关系是生活的一个重要成分，此外还会有爱情和友情作为补充，所有这些关系构成了生活的意义。社会学家彼得·马里斯（Peter Marris）这样说道：

对我们最为重要的关系基本都是关于一些特定的、我们所爱之人（丈夫或妻子、父母、子女、密友）的，或者是关于一些特定地方（家或者特定地点）的，承载着我们同等的爱。这些特定的关系独一无二、无可替代，似乎包含了我们生命里最重要的意义。[4]

马里斯认为，这些独一无二的关系是我们理解生活经历的有效参考点。这些无可替代的关系就是我们处于这个社会机构所需的重要支柱。我们往往把一段重要关系当成理所当然，因而极少去思考它，甚至根本意识不到它的存在，直到失去这段关系。马里斯指出，最近丧失亲人的人至少会在最初的一段时间里感到生活失去了意义。当我们失去最亲近的人时，我们可能会发现那个人对于我们人生的意义比我们所想的要大得多。这是一般情况；我们还需要知道，有些人即使丧失了爱人，依然可以获得新的自由、开启新的生活。

社会学家罗伯特·韦斯（Robert S. Weiss）㊀曾针对一群新近离婚人士进行过研究并发现，虽然这些人加入了单身父母交流

㊀ 美国社会学家，首次提出关于孤独的理论。——译者注

会，也从中获得了一定支持，但正如韦斯所料，他们仍旧苦于孤独。再多的友情也无法弥补因为失去婚姻而丧失的依恋与情感亲密。

然而，对大多数人来说，无论这种亲密关系有多重要，它都不可能是赋予人生意义的唯一方法。韦斯还研究了因为某些原因搬离原社区远离旧街坊的已婚夫妇，虽然他们对配偶的依恋程度未减半分，但仍会因为离开原有群体而颇感苦恼。[5]

也就是说，无论是否享有亲密关系，人类都需要来自家庭以外的更大社群的归属感。现在有假设认为亲密关系对自我实现至关重要，这让我们容易忽略那些较低亲密度的关系的重要意义。精神分裂症患者及那些或多或少被完全孤立的个体被视为病态无可厚非，但是还有很多人不曾拥有特别亲密的关系，他们也不是全都有问题或者特别不开心吧。

军队或者某些行业，其社会结构或许不能提供亲密关系所能给予的那种满足感，但的确为人们提供了一种环境，使他们从中能够找到自己的角色和位置。我们在上文曾提及盖尔纳的论点：现代社会不断变化流动，致使很多人感到迷茫不安。而事实与此论点多少有些相悖：很多工作人员即使有机会获得丰厚酬劳，也不愿意离开熟悉的工作环境。处于某一固定的结构体系并拥有一份稳定的工作，也能产生人生意义，还可以为人们提供一套参考标准，用于观照与他人的关系。我们在日常生活中总能遇到很多人，他们和我们关系并不亲密，却时刻影响着我们对自我的认知。像邻居、邮差、银行职员、售货员以及其他很多人对我们来说都只是熟悉而已，最多就是点头之交和日常问候，对他们的事我们知之甚少。但是，如果这样一个人突然消失或者有人替代了他，我们还是会有短暂的失落感。对此我们会说，那是因为我们已经“习惯”了这些人，但其实我们怀念的是相互承认，承认彼此存在于对方的生活中，以及因此产生的某种肯定：尽管微不足道，但我们确实构成了彼此生活模式的一块拼图。

这类关系对大多数人来说，其重要性会高出意料。人们从工作单位退休以后，会思念那些熟悉的、给过自己肯定的人。一般来说，人类多是渴望被爱的。想要被认可和肯定的心情也同样重要。

在当代西方社会，亲密关系在很多人的生活中只发挥着很小的作用，尽管他们也会意识到这方面的缺失，或者想要通过幻想来填补。他们的生活中心不是配偶子女，而是工作，在公司里可能不会有人爱自己，但至少可以获得认可和重视。特别想要获得别人认可的人，可能是因为儿时父母给的肯定过少，也因此更加倾心于工作。有些工作可能需要短时间专心致志地独立完成，但大多数工作都不太会有独处的时候，一般都会涉及人际交往，而对很多人来说，这一点似乎还是工作的一个吸引人的地方。

像这种不太亲密、相对浅显的关系也有其重要性所在，比如我们在日常生活中会碰到一些不太相熟的人，会跟他们进行简单交流。如果我们在街上碰到了邻居，他们可能会拿天气做开场白，这在英国特别常见。要是聊的时间长了，可能会开始谈论其他邻居。哪怕是再有学识的人也很难拒绝八卦，不过他们倒是可能对此假装不屑。人们的对话中，有多少是在讨论其他人的生活，又有多少是在探讨书籍、音乐、绘画、思想、金钱，这是一个有趣的问题。即使是受过高等教育的人，他们闲聊的时间占比也绝不会少。

客体关系理论学家认为亲密依恋是人生意义和满足的主要

来源，但是无法拥有或维持亲密依恋关系的人不一定就会失去亲密程度较低的人际关系。虽然无法建立亲密依恋关系的人往往更难找到人生意义之所在，但他们中有很多人能从工作交往及其他普通关系中获得平静而满意的生活。正如我在序言中所说，爱德华·吉本便是一个好例证。我们还得知道，有些优秀人才哪怕长期囿于孤独，也不会感到生命毫无意义，有些人则可能故意寻求数周或数月的孤独生活，具体原因会在后面讲到。

在《依恋三部曲》第三卷的倒数第二段里，鲍尔比这样写道：

> 对他人的亲密依恋始终是人们生活的中心，不只是刚出世或蹒跚学步的婴幼儿时期，也不只是学文识字的小学阶段，还会贯穿整个青年期乃至成熟期，直至老去。一个人会从这些亲密依恋中汲取力量和快乐，同时回馈他人相应的力量和快乐。关于这些问题，现代科学和传统智慧不谋而合。[6]

了解鲍尔比的著述研究后，我很钦佩他。因为鲍尔比坚持认为，精神分析的观察结果必须经过客观研究证实，而且他引用了行为学概念；与其他的精神分析学家相比，他将科学更多地与精神分析相结合。但我认为，依恋理论没有完全正视工作的重要性、人在独处时所思所想的意义，特别是那些富有创新创造能力的人内心世界的奇思妙想。所以，亲密依恋只是人们生活的中心“之一”，绝不是“唯一”中心。

Solitude

A Return to the Self

第2章

独处的能力

我们务必要给自己保留一处后坊，
完全属于自己、没有任何干扰，在这里
我们可以享有真正的自由、静修和孤独。

——米歇尔·德·蒙田

（Michel de Montaigne）

在婴幼儿及儿童早期阶段，出于生存的需求，孩子对父母或代父母的依恋显得格外重要；如果想要长大成人，且能够与他人建立平等的亲密关系，那么稳定的依恋关系或许必不可少。虽然在西方社会，家庭破裂的情况稀松平常，但为了子女能够更好地成长，父母仍在尽力提供充满爱意的稳定环境，建立稳定的依恋关系，培养孩子的自信心。此外，大多数父母都会尽力保证子女能够多接触同龄人，多和同龄人玩耍。不管是人类还是其他灵长类动物，稳定的亲子依恋关系都可以有效地鼓励孩子更多地探索外界。能够确认母亲就在自己身边的孩子一般都会愿意去探索周边、玩玩具，愿意接触房间里的其他人或物，和其他孩子一起玩耍。有证据表明，一岁半以上的儿童和同龄人玩耍有益于成长。接触同龄伙伴无疑能够帮助孩子学习亲子间无法实现的社交技能。

例如，父母和子女之间很少出现打闹，但在同龄儿童之间这是再常见不过的事，而打闹对他们学习如何应对攻击很有必要。对性的态度往往也不是习自父母，而是来自其他孩子。研究表明，有性困扰的成年人通常会表示自己在儿时有过异常孤立的经历。由于无法通过同龄人了解到性好奇与性冲动是普遍存在的正常现象，所以这些人在成长过程中会觉得自己异于常人，认为只有自己是邪恶的。

在第 1 章中我们了解到，大部分成年人都想拥有亲密关系以及对某个群体的归属感。儿时，父母或代父母给予的稳定依恋是至关重要的，但与同龄人的关系同样不可或缺。

在儿童成长的这两个方面，已经存在大量的研究，并且相关研究仍在继续，可是却没有研究讨论独处对儿童是否存在重要意义。然而，如果我们想培养孩子的想象力，就应该在他们恰当的年纪给他们提供足够的时间和机会享受孤独。许多创造者都曾言说儿时那些非同寻常的体验：与自然的神秘联结、奇妙的感悟瞬间，或者是威廉·华兹华斯（William Wordsworth）所说的“不朽之暗示”㊀。这些人包括：沃尔特·惠特曼（Walt Whitman)、阿瑟·凯斯特勒（Arthur Koestler)、埃德蒙·葛斯（Edmund Gosse)、A. L. 罗斯（A. L. Rowse）和 C. S. 刘易斯（C. S. Lewis)。基本可以肯定，这样的瞬间不会发生在踢足球的时候，只有当孩子独自一人时才会出现。对此伯纳德·贝伦森（Bernard Berenson）曾有过生动描述，他也曾深深地沉浸于“瞬间的忘我融合”中：

在我儿时及少年时代，去外面高兴地玩耍时，我曾沉醉于这种忘我的境界中。那是五岁还是六岁的时候呢？肯定不是七岁。在某个初夏的清晨，银色薄雾淡淡笼罩着不远处的菩提树，好似微光摇曳，空气里满是叶子的清香。宜人的气温就像轻柔的爱抚。甚至无须特别回忆，这种场景就在我脑海里——我爬上了一棵树桩，蓦地一瞬沉浸在这“自然”之中。那时我并没有以“自

㊀ “不朽之暗示”：指英国著名诗人威廉·华兹华斯的《不朽颂》（*Intimations of Immortality*），咏童年往事中永生的信息。——译者注

然”称之，因为根本无须具其以名。其与我已相融为一。[1]

罗斯也有过相似经历，那是他在康沃尔郡上学的时候：

当时的我并不知道，这是一种美感的早期体验，一种心灵的启示，后来成为一种神秘至上的体验，一种内在的精神力量与慰藉。后来，也还是上学的时候——那时我进了中学，读了华兹华斯的《丁登寺旁》(*Tintern Abbey*) 和《不朽颂》(*Intimations of Immortality*)，那时我才意识到原来这就是华兹华斯所写的体验啊。[2]

现代的精神分析学家，包括我自己，都倾向于将个体建立平等成熟关系的能力作为检验情感成熟度的标准。几乎所有的精神分析学家忘了考虑这样一个事实，那就是独处的能力也是情感成熟的表现之一。

有一位精神分析学家属于例外，他就是唐纳德·温尼科特。1958 年，温尼科特发表了论文《独处的能力》(*The Capacity to be Alone*)，这篇文章成为精神分析领域的经典之作。他这样写道：

也许可以这样说，现有的精神分析著述更多地描写了对独处的“恐惧”或“渴望”，而没有关注独处的“能力”；大量的工作研究了人的退缩状态，即一种对迫害预期的防御机制。但是，对于独处能力的“积极”意义的相关探讨似乎早就该有了。[3]

在第 1 章中，我提到鲍尔比关于婴儿对母亲的早期依恋的相关研究，并提出当母亲离开时，婴儿会依次出现“抗议”“绝望”和“冷漠”的反应。正常情况下，只要母婴之间的联结没有绝对断绝，孩子一般都能逐渐适应并接受母亲缺席时间的延长，并不会产生焦虑。鲍尔比认为，相信依恋对象不会离开的这种信任感是人在成熟之前逐渐建立起来的，特别是出生后6个月到5岁之间，这段时间最容易产生依恋行为。然而，对依恋对象是否在场的敏感性会一直存在，直到进入青春期。在英国，许多中产家庭的孩子在儿童早期阶段拥有绝对安全的心理环境，等到七八岁被送入寄宿学校时，他们会觉得长期以来的心理预期突然被打破。

人们一般认为，依附行为意味着缺乏安全感。哪怕时间很短，孩子也不愿意让母亲离开，是因为他对母亲是否回来没有信心。相反，如果孩子已经对依恋对象建立了信任感，那么他就能更好地接受依恋对象的离开。因此，独处的能力是内在安全感的一种表现，形成于成长早期阶段。不过，有些孩子拒绝陪伴、有病理上的孤独，他们属于温尼科特所说的那种“退缩状态”，和享受一定孤独的孩子有所不同，应当加以区分。能够在独处的世界里任凭想象遨游的孩子也许能够开发出创造潜能。

安全感的建立是一个长期的过程。在长期多次确认依恋对象会在自己需要时陪伴在旁以后，孩子会对依恋对象的离开产生积极的心理预期，相信依恋对象会回到自己身边。精神分析学家通常将这一过程称为“内摄出一种良好的客体”，意即依恋对象已经成为个体内心世界的一部分，即使该对象实际并不在身边，他也能作为个体的心理依赖。这看起来似乎有些牵强，但是大多数人都曾想过“如果某某人在这里，他会怎么做”。当人们处于困境时，他们会依靠心里的某个人，即使那个人当时并不在场，他们仍然会想象那个人就在身边。

温尼科特提出，成年人独处的能力源自婴幼儿时期母亲稳定陪伴的独处经历。假设婴儿对食物、温暖、身体接触等所有即时需求获得满足，那么他就无须向母亲进行任何索求，母亲也无须额外提供其他东西。温尼科特写道：

我尝试证明这样一个看似矛盾的论点，即独处的能力是在某一对象稳定陪伴的前提下发展而来的，缺乏陪伴的独处过程是无法培养独处能力的。[4]

温尼科特还提出了这样一个极为有趣的建议：

只有在独处的情况下（这里的前提是存在固定对象的陪伴），婴幼儿才能实现自我探索和发现。[5]

处于未成熟状态的婴幼儿需要另一个人的支持，才能发展出关于“我”的概念，即具有独立认知的独立个体。温尼科特认为，当婴幼儿能够在母亲的陪伴下实现舒心自在的独处，他们便开始形成自我的意识。这样过了一段时间以后，婴幼儿就会体验到一种感觉或冲动。如温尼科特所说：

在此情况下，这种感觉或冲动会非常真实，是一种真正意义上的个人体验。

温尼科特认为与这种体验相对的是：

对外界刺激的反应所构成的虚假生活。[6]

温尼科特在工作中一直格外关注人的情感体验是真是假。他治疗的许多患者，出于某些原因，自儿时就保持过分顺从的性格；也就是说，他们按照别人的期待生活，或是努力取悦他人，或是努力不去冒犯别人。按照温尼科特所说，这类患者建立了“虚假的自我”，即盲从于他人想法，无视自己内心真情实感和本能需求的自我。这样的人会觉得生命毫无意义，因为他的生活不过就是迎合世界，而不是真实地去体味人生，满足自己的主观需求。

虽然温尼科特关于婴幼儿主观体验的假设无法得到证实，但他的观点确实给人以启发。按他所说，独处的能力其实源自鲍尔比所说的“安全型依恋”(secure attachment)：因为有母亲的陪伴，孩子可以安心地自我成长，不会因为担心母亲可能离开而感到焦虑，也无须顾虑母亲对他的期待和要求。随着安全型依恋儿童成长，就算母亲或其他依恋对象没有一直在场，他们也能安然独处较长时间。

对此温尼科特还做了进一步阐述。他表示，独处的能力始于母亲的稳定陪伴，而后孩子能够适应母亲的离开，这种能力与其关切和展示自己内心真情实感的能力不可分割。只有当孩子体验过这种怡然自得的独处，他才能够发现自己的真实需求，才能够不去顾虑别人对他的期许或强求。

因此，独处的能力与自我发现、自我觉醒密不可分，同时还会影响人们对内心深处的需求、情感和冲动的觉察。

精神分析与帮助人们挖掘自己内心最深处的情感有关。其使用的技术可以理解为，鼓励个体在咨询师面前实现内心的独处。在精神分析发展早期，这种技术格外常见，直到后来移情分析占据核心地位（详见第 1 章）。在治疗过程中使用诊疗椅不仅可以帮助患者放松身心，而且可以避免患者与咨询师目光接触，这样才能更好地防止患者过分在意咨询师因其所述而产生的反应，帮助他将注意力集中于自己的内心世界。

一些精神分析学家始终认为，为患者提供一个安全的环境，让他能够在这里安心探索和表达自己最私密的想法和感受，这一点的重要性完全不低于咨询师给患者提供的专业解读。我认识的一名咨询师就曾用实例向我证明这一点，他曾给一个患者做了一年的咨询，每周见三次。每次咨询患者都会躺在治疗椅上，然后很快进入无拘无束的内心自我联结中。一年咨询期即将结束之际，这名男士声称自己已经被治愈，并表达了衷心感谢。这位咨询师则表示，整个治疗过程自己并没有提供什么心理解读。虽然这个故事确实有些夸张的成分，但它和温尼科特关于安全型依恋模式下母婴关系的假设简直如出一辙。

由此可见，精神分析可以通过探究医患之间的关系来帮助患者与外部世界的其他人建立良好关系。鼓励患者了解和表达自己的内心感受，让他知道自己不会被拒绝，不会被评论，也不需要与众不同，这种情况下，患者会开始某种内心重建或梳理的过程，同时带来心灵的平和，最终到达真实的灵魂深处。这种有助于疗愈的过程不一定非要通过咨询师进行解读治疗才能实现，也可以通过提供一个安全舒适的环境来帮助达成。前面的故事里，尽管咨询师没有给予心理解析，或者说恰恰是因为没有咨询师的解析干预，这名患者最后被治愈了，在这里其实蕴含了一个有力的真相。类似这种治愈过程，其实很像孤独的创造性过程中会出现的某种心灵上的疗愈。

我们在睡眠中也可以实现心理整合。入睡使我们进入独处状态，即便是和爱人同床共枕。生活中遇到一时难以解决的问题时，人们一般会建议你“先睡一觉再说”，其实这个建议是有道理的。大多数人都有过这种经历：面对艰难抉择无法下定决心，直到入睡也没能做好决定。然而，等到第二天早上醒来，他们往往会发现答案明明就在眼前，真不知道前一天晚上让什么蒙住了眼。这其实是因为睡眠时会发生某种类似浏览信息和重新梳理的过程，不过这种过程至今仍是未解之谜。

另一个心理整合的例子就是学习的过程，它需要时间、独处，最好再加一段睡眠。学生会发现，很难真的记住那些需要考试前临时抱佛脚记住的知识。可是，那些提前仔细学过的内容，再经过“几觉”巩固，倒是很容易就能记起来。这是因为某种神经回路将新知识与旧知识联系起来，并将新知识转为长期记忆存储。

虽然我们把 1/3 的生命花在了睡眠上，但人类至今没有完全明白为什么需要睡眠。反正我们需要睡眠是毋庸置疑的。很久以前审讯员就发现，剥夺犯人的睡眠时间是让他们妥协的一种较快的方法。确实有一些人例外，他们可以坚持很长时间不睡觉，而且身体状况不会变差，但是大部分普通人经过短短几天几夜不睡觉，就会出现错觉、幻想等精神症状。值得注意的是，很多心理疾病发作之前都会出现失眠症状。

睡眠的整合作用或许能与做梦联系起来。1952 年，纳撒尼尔·克莱特曼[㊀] (Nathaniel Kleitman) 发现有两种睡眠状态，通过监测睡眠过程中的脑电活动，可以看到睡眠遵循一定周期规律。当研究对象开始放松、进入睡眠，大脑清醒时所呈现的较快脑电波状态会转入振幅较大的慢波状态，从闭合的眼睑可以明显看到眼球移动，而且是完全无意识的。记录眼球活动的同时可以

㊀ 美国生理学家和睡眠研究者，提出了睡眠周期和睡眠阶段理论。——译者注

记录脑波的变化。人刚入睡时会很快进入深度睡眠状态，并且难以被唤醒。大概三四十分钟以后，睡眠开始由深变浅，呼吸开始加快而且变得不规则，还可以看到面部、手指的轻微抽搐，眼球也会快速转动，好似真的在看什么东西一样。这个快速眼动睡眠（rapid-eye-movement，REM）阶段会持续大概 10 分钟。紧接着研究对象会再次进入更深的睡眠状态。整个睡眠周期大概持续 90 分钟。如果整个睡眠时间达到 7.5 小时的话，一般会有 1.5 ～ 2 小时处于快速眼动睡眠期。

绝大多数从快速眼动睡眠中醒来的人能记起自己所做的梦，只有极少数人从深度睡眠中醒来时还记得梦境。也就是说，大部分人可能每晚都会做梦，而且是每 90 分钟左右做一次梦。

基于两种睡眠状态这一发现，我们可以推断，阻止人做梦和保证充足睡眠时间是可能同时实现的。早期的实验中，阻断研究对象进入快速眼动睡眠，即阻止他们做梦，会导致一些症状的产生，但是后来的试验尚未证实这一发现。不过，被阻断做梦的研究对象在恢复做梦自由以后，会在深度睡眠阶段自动增加快速眼动睡眠的时长占比，以补充不足。

在服用镇静类药物和摄入酒精的人身上也能观察到同样的现象。停用药物以后容易出现睡眠反弹。研究对象会增加快速眼动睡眠时间，好似要补偿之前的不足一般。根据威廉・德门特（William C. Dement）[⊖]的研究，精神分裂症患者在病情得到缓解后对快速眼动睡眠的需求会加大。如果阻断其做梦，仅仅只需两个晚上，他们就会呈现过度的快速眼动睡眠反弹。[7] 如果精神分

⊖ 美国睡眠研究者，斯坦福大学睡眠研究中心的创始人，睡眠、睡眠剥夺以及睡眠呼吸暂停等睡眠障碍的诊疗权威人士。——译者注

离症患者没有处于缓解期，也就是说他们仍然存在幻觉、错觉等明显症状或出现病症相关的怪异行为，就不会出现相应反弹。如果能有更多的实验证明有明显症状的精神病患者不像普通人那样需要做梦，那么“精神分裂症就是醒着做梦”这种过去的说法可能还真有那么一点道理。反过来看，普通人不会因为完全被剥夺快速眼动睡眠而变成精神病，大概正是因为做梦吧，每天晚上各种光怪陆离的梦境正在以某种未知的方式保护着我们的心灵健康。

基本可以确定的是，睡梦中发生的某种信息扫描和整合重编的过程能够帮助我们保持健康的心理机能。做梦似乎还具有生物适应性。美国精神科医生斯坦利·帕隆博（Stanley Palombo）认为梦境是过去经历与当下现实的结合：

> 梦境把过去某些情感深刻的经历和当天经历的某些情感深刻的片段进行了比对。[8]

在梦境处理信息的过程中，新的经历被存储到了适当的位置，变成了永恒记忆。是否所有的梦都会这样处理还不清楚，但是这在某种程度上可以解释为什么梦里的时间经常是混乱的：如果过去和现实搅到了一起，那么时间逻辑上的混乱也就不足为奇了。

英国政治学家格雷厄姆·沃拉斯（Graham Wallas）提出的创新四阶段中，第二阶段也就是“酝酿阶段”（incubation）也存在这样的信息重组过程。创新过程的第一阶段是“准备阶段”（preparation）：创新主体对某一特定事物产生初步兴趣，然后收集材料和一切相关信息。在第二阶段中，对前期积累的所有材料进行酝酿或下意识地进行扫描，并与大脑存储的其他内容进行对比组织和细致研究。这一阶段具体发生了什么不太清楚，但它是进入第三阶段“明朗阶段”（illumination）的必要前提。这一阶段里，创新主体有了新发现，找到了问题的解决方案，或者通过某种方式实现了所有材料的归纳重组和包容延伸。

酝酿阶段所需时间从几分钟到几个月不等，有时甚至需要好几年。德国作曲家勃拉姆斯（Brahms）曾经说过，有新的灵感出现时，他会把注意力转移到别的事情上，不再想这个灵感，等到几个月以后再次拾起时，这个灵感往往不知不觉换了一种形式出现，这时他才开始据此创作。

如果说新想法需要几个月的时间在大脑中反复回荡，从而把所有其他的想法剔除掉，那也实在荒谬。因为大脑是非常复杂的，它可以同时处理大量信息。但是睡梦中自发的或者通过祈祷、冥想诱发的这种类似扫描整理的过程着实令人惊奇。到底大脑回路中发生了什么实属难解之谜，但至少有一点可以肯定，那就是所有这些过程都需要时间自由发展，最好是独处。创造性人才可能需要独处和平静，也可能不需要。比如，舒伯特和莫扎特就能在一些看起来会扰乱心神的环境中做到思想集中。观察家普遍表示，即使身边有人，这类人也能深深沉浸于自己的思想中。这样看来，温尼科特的“在陪伴中独处”这个看似矛盾的论点不仅可以用于母婴关系上，还能用在这些人身上，即使身边有人“陪伴”，他们也能像“独处”时那样对自己的内在世界保持全神贯注。

上述的这种心理过程需要时间来实现，而形成新认知可能也需要较长时间来酝酿，这一点或许和一些研究人员指出的人类智能的特征因素有关。智能行为被定义为“个体一生中不断适应的可变化的行为”。[9] 与先天行为模式相对，后者是进化阶梯上较低等级的物种所具有的特征。先天既定的环境应激行为属于即时自动的反应，而人类的行为在大多数情况下更加灵活，这不仅取决于后天学习和记忆功能，还取决于不对外界刺激立刻做出自动反应的能力。戴维·斯腾豪斯（David Stenhouse）指出，本能行为进化成智力行为需要以下三个基本因素。

最重要的因素就是，动物个体不对外界刺激按照本能顺序完成常规化反应的能力。要说完全不做出反应显得过于绝对，可能只是延迟反应，即暂时性压制。如果没有这种能力的话，就无法产生适应环境的可变行为。[10]

如果个体要对某种情况做出新的反应，那么其必须具备学习和存储所学的能力。斯腾豪斯提出的第二个因素是，发展出记忆存储核心，用于存储相互关联的事物记忆，同时为衡量新的经历提供参考。这一点与帕隆博关于梦境的主张相似：梦境可能是一种新旧经历相互比对的梳理过程。

斯腾豪斯的第三个因素是形成抽象和概括的能力。

必须具备发现异同之处的能力，否则无法从众多记忆点中选择恰当的因素对当下行为做出调节。[11]

所有动物都具有这种从经历中学习的能力，只是程度不同，而人类的这种能力格外强大。

智力行为取决于是否对既有情境做出即时反应，这点还能与做梦时的反应关联起来。我们会梦到自己在行动、在走路、在跑步、在打斗，在以各种形式动着，但是现实中除了眼球加速转动和肢体的一点抽动外，并没有任何实际动作。做梦的时候，大脑的运动中枢受到抑制，大脑皮层的电波却相当活跃。针对猫的研究实验显示，如果大脑运动中枢的抑制作用被破坏，那么被试动物会将梦境显现到行为上，在睡着的同时表现出攻击性或玩耍行为。这种睡梦中抑制行动的情况亦可视为延迟即时反应的一种方式，可以让大脑完成相应的梳理过程。

清醒时的思考过程也与这种抑制情况相似。思考可以被视为行动前的准备：罗列所有可能，联系各种概念，评估可能的策略。最后，思考完成，开始行动，哪怕简单如使用打字机也会有这些过程。从思考开始到最终行动，中间必然有时间上的延迟。很多人很难做到安静地等待，于是在思考时会伴随其他一些行为，比如走来走去、抽根烟或者转转铅笔。思考主要由个体独立完成，即使有人在场，个体仍然需要聚精会神。

另一个和温尼科特提出的独处能力相似的概念是祈祷。祈祷可不仅仅是为自己或他人祈福。公共礼拜也是一种祈祷，但个体私下的祈祷行为是其独处的过程，也是个体触碰自己心灵深处感受的途径之一。部分宗教文化中，祈祷并不期待神明给予任何回应。人们只是单纯祈祷，并非想要影响神明或者被回应，而是为了实现心灵的平和。在祈祷和冥想的过程中，过去分散的思想和感受可以得到联结和整合。触碰心灵深处的思想和感受，并给它们时间重组，产生新的思想，是实现创新的重要因素，也是缓解紧张、促进心理健康的有效方式。

因此，要想大脑机能和个体潜力得到最大限度的发挥，独处的能力必不可少。人类非常容易疏离自己内心的需求和感受，而学习、思考、创新、联结内心世界都需要独处才能实现。

第3章

孤独的用处

Solitude

A Return to the Self

在纷纷扰扰的人和事中，孤独是我的诱惑。现在它是我的朋友。当你面对过历史以后，除此以外还能寻求怎样的满足感呢？

——夏尔·戴高乐（Charles de Gaulle）

需要改变心态的时候，独处的能力是一种宝贵的资源。在环境发生重大变化之后，我们可能需要从根本上重新评估存在的意义。人际关系通常被认为能为各种形式的痛苦提供答案，在这样一种文化情境下，我们有时很难说服善意的帮助者，使他们相信独处和情感支持一样具有治疗作用。

有一种痛苦的变故几乎所有人都经历过，那就是丧亲之痛，即失去自己的配偶、子女、父母或兄弟姐妹。研究证实了一个常识性假设，即接受丧亲之痛需要时间；研究也揭示了哀悼的过程可能会受到人类为避免痛苦而采取的各种防御措施的阻碍。

其中有些措施就被强化甚至神圣化了，比如传统上英国中上层就不喜欢公开表露自己的情感。一个刚刚失去爱妻的男人，如果能像往常一样去上班，闭口不提自己的丧妻之痛，甚至工作时间超过平时，那么他往往会受到赞赏。这一方面是因为我们推崇默默忍受痛苦，另一方面是因为对自己的痛苦只字不提，可以避免同事们感到尴尬，因为很多人不知道该对丧亲者说些什么好。如果丧亲者自己表现得好像什么都没发生过，那么他们的朋友可能会感到庆幸，认为自己不需要特地去表示同情。

赞赏这种所谓的勇气是不对的。很多心理治疗师都曾遇到过这样的丧亲者，他们曾试图通过不露声色或戴上淡漠的面具来掩盖自己的丧亲之痛，结果导致原本该有的哀悼迟迟没有完成。于是在心理治疗过程中提到死者时，丧亲者有时会表现出无法控制的悲伤，尽管丧亲已经是几个月甚至几年以前的事了。

客观研究表明，丧偶之后没有尽快显露悲痛的寡妇在随后的一个月里会出现更多的生理和心理症状，情绪紊乱持续的时间更长，甚至在丧偶一年多以后，仍然比那些在第一周就“崩溃”的人表现出更多的不安。[1]

许多文化都会允许一段哀悼期，让人们在丧亲以后不必去工作或从事日常活动。我们在上一章中提到，“酝酿”等心理过程需要很长时间才能完成，而哀悼的过程可能也会持续很长时间。在希腊乡下，失去亲人的女性会哀悼五年。在这段时间里，她们会身穿黑色衣服，每天去给逝者扫墓，到墓前与逝者说说话。而且她们通常会将坟墓拟人化处理：她们不会说自己是去扫墓，而是说去探望自己的丈夫或女儿。这些悼念形式起到了正视丧亲事实的效果。

许多希腊村民赞同当地的这种情感宣泄理论。他们认识到，尽管人们希望自己完全沉浸在痛苦和悲伤的情绪中，但女性哀悼的最终目的是通过反复的表达来摆脱这些情绪。[2]

等到尸骨被挖出之后，哀悼便结束了，也象征着丧亲者对亲人死亡的接受。死者的尸骨会被收集起来，放进一个金属盒子里，和其他村民的骨头一起放入当地的纳骨堂。

通过构筑一个新的社会现实，死者家属能够在这个世界更好地生活下去，不再受丧亲之痛的阴霾笼罩……为了实现这一过程，需要逐渐降低死亡带给人们的情感强度，与他人重新构筑重要的社会关系，不断地正视死亡这一客观事实，最后通过挖掘死者尸骨做到彻底放下——这个过程代表着最终完全接受死亡不可逆转这一事实。[3]

在失去亲人之后，正统的犹太人除了每天去犹太教堂以外，其余时间都要待在家里，由别人提供食物和照顾。英国精神病学家默瑞·帕克斯（Murray Parkes）认为这种犹太习俗对某些家庭来说可能未必有效，但我个人有限的经验表明，让丧亲者适当远离人群，不让他们进行正常的工作活动有一定好处。接受丧亲是一个困难、痛苦且非常孤独的过程，分散注意力只能将这个过程推迟一时，却不会带来任何帮助。如果能够帮助人们接受丧亲是一个痛彻心扉的事实，那么任何方式和仪式都是有益的。如今英国的宗教信仰正在衰落，丧亲者也没什么行为准则可以遵照。而过去，有规定的哀悼期，丧亲者也可以穿上黑色素衣来表达他们的悲伤，丧亲之人通过这些仪式或许更容易调整自己的状态。

虽然亲友的支持和慰问能够提供一定帮助，但是失去自己非常亲近的爱人，这种痛苦不可能与旁人完全分享，这个过程本来就是非常私人的，因为与已故爱人生前的那些爱与亲密，旁人没有而且也不可能体会。从本质上来说，哀悼正是那些不眠之夜里的辗转，是心灵深处的孤独。

哀悼是一个长期的心理过程最终导致人生态度改变的例子。丧亲者曾经可能认为生命与逝者密不可分，甚至认为生命由彼此的亲密关系所构成，但是在接受丧失以后，他们会以不同的方式看待问题。丧亲者可能会构建新的亲密关系，也可能不会；无论构建与否，他们通常都会意识到生命的意义并不完全由个人关系构成，没有亲密关系的人生也有意义。

态度的改变需要时间，因为我们思考生活和自我的方式很容易成为习惯。在早期精神分析中，咨询师不愿意接受 50 多岁或以上的病人，因为让他们改变态度的可能性很小。后来人们意识到，即使是老年人也能够改变和创新。有些人发现自己很难适应环境中的任何变化，但这种僵化与其说是衰老所致，不如说是强迫症人格的特征。

无论是年轻人还是老年人，孤独和环境的变化都会促使其态度改变。这是因为习惯性的态度和行为常常受到外部环境的强化。举一个小例子，尝试戒烟的人会发现，想要抽根烟的欲望往往取决于环境的暗示，而且时不时就会复发。比如，吃完一顿饭的时候，坐在熟悉的办公桌前工作的时候，下班后去喝一杯的时候——这些细小的强化刺激，相信每个戒烟的人都不陌生。这就是为什么很多人会发现度假时戒烟更容易。在一个陌生的地方，每天不在固定时间做同样的事情，那么平时那些环境的暗示就会消失，或者失去一定作用。

假期可以让我们从每天的常规生活中解脱出来。有时我们觉得自己需要放个假，其实是需要“改变”，而放假就意味着能够实现改变。其实，“撤退”(retreat) 这个词也有其弦外之音。

在敌人面前撤退可能意味着失败，也可能是“以退为进”，像睡眠、休息、娱乐这些都可以被视为“以退为进”，让身心重新积聚力量。在英语里，“ retreat ”一词本身还可以表示专门用于宗教冥想和安静礼拜的“静修时间”或“僻静之处”。而英国最著名的一所精神病院正是被命名为“静修所”(The Retreat)，即英国约克静修所，始建于 1792 年，至今依然开放。英国心理治疗先驱塞缪尔·图克（Samuel Tuke）在这里建立了一种宽容、善良的制度，要求对患者进行最低程度的管束。通过提供一个安全的“庇护所”，使精神病患者免受外界的骚扰，从而帮助他们改善精神状态。

这也是针对精神障碍的“休息疗法”（rest cure）的基本概念，由美国神经病学家塞拉斯·韦尔·米切尔（Silas Weir Mitchell）提出，他在 19 世纪后半叶率先使用了该疗法。20 世纪，出现了持续麻醉技术，通过药物使病人一天内保持 20 个小时及以上的睡眠。正如所见，药物一般可以通过抑制快速眼动睡眠来防止睡眠有效地把“忧虑的乱丝”（the ravell’d sleave of care）编织起来[㊀]，这或许就是该疗法不再被使用的一个原因吧。

“休息疗法”和持续麻醉都涉及远离亲属和适度隔离。然而在今天，精神病学教科书中很少提到隔离可以起到治疗效果的事实。现在的治疗强调团体参与、“环境疗法”、病房探视、员工与患者的互动、职业疗法、艺术疗法，以及其他任何可以让精神病患者持续忙碌、相互联系、与医生和护士保持联系的方法。对于精神分裂症患者来说，这种不间断的活动可能是有益的，因为他们很容易与外界完全失去联系。但我并不觉得这种疗法对抑郁症患者会有什么太好的作用；而且令人遗憾的是，普通的精神病院几乎不能为那些想独处并能从中受益的患者提供有利条件。

孤独可以促进洞察和改变，这一点已经在许多宗教人物身上得到验证，他们常常出世，而后重新入世，跟人们分享他们在

㊀ 此处妙用了英国剧作家莎士比亚创作的戏剧《麦克白》（*Macbeth*）中的句子，原文为“Sleep that knits up the ravell’d sleave of care”，（把忧虑的乱丝编织起来的睡眠）。——译者注

避世期间所获得的感悟。尽管说法各不相同，但人们都认为佛陀在尼连禅河畔一棵树下冥想时终于开悟成道，在长时间反思人世苍生之后达到了最高境界。据《马太福音》（*St Matthew*）和《路加福音》（*St Luke*）记载，耶稣在旷野度过了 40 天，经历了魔鬼的引诱，然后回来进行了关于忏悔和救赎的宣讲。锡耶纳的凯瑟琳（St Catherine of Siena）在意大利贝宁卡萨的小房间里隐居了三年，在一系列的神秘经历之后，她开始了积极的教学和传教生活。

当代西方文化背景下，平和的孤独难以实现。电话是对隐私的一个长期威胁。在城市里，要远离汽车、飞机或铁路的噪声是不可能的。当然，这个问题早就存在。在汽车发明之前，城市街道有时甚至比现在还要嘈杂。在卵石路上行驶的包铁车轮比沥青路面上的橡胶轮胎发出的噪声更大。尽管人们试图通过立法来遏制城市噪声，但噪声的总体水平仍在不断增加。

噪声确实无处不在，真要是一点噪声没有，很多人可能还会感到不舒服。就这样，连续播放的背景音乐遍布商店、酒店、飞机，甚至电梯。一些汽车司机认为开车很放松，仅仅因为他们可以独自一人，暂时不用应对别人。但汽车收音机和盒式磁带播放机的普及证明了人们其实普遍渴望持续的听觉输入，车载电话的发明则确保了安装它的司机永远不会与那些想找他们的人失去联系。下一章中，我们将讨论“感觉剥夺”的一些问题。与之相对的是感觉过载，正如噪声控制者发现的那样，这在很大程度上是一个被忽视的问题。目前流行的“超验冥想”（transcendental meditation）等技巧可能代表着一种尝试，试图平衡现代城市环境给我们造成的寂静和孤独的缺失。

主动从自己习惯的环境中跳出，可以促进我们进行自我理解，更多地接触那些埋没于日常喧嚣的内心深处。一般来说，我们的自我认同感取决于同物质世界和其他人的互动。我的书房里摆满了书，这些反映了我的兴趣，确认了我作为作家的身份，也强化了我对自我的认识。与家人、同事、朋友以及不太亲密的熟人之间的关系则将我定义为一个持有某些特定观点的人，我的言行举止或许也是可以预料的。

但我时常会觉得，这些惯性决定因素也存在局限性。假设我对惯性定义下的自我感到不满意，或者觉得无法体会或实现某些经验或自我理解呢。探索这些的方法之一就是让自己从现在的环境中抽离，看看会发生什么。这并非没有危险。头脑里任何形式的重组或整合都必然先得经历某种程度的混乱，必须颠覆原先既有的模式，而且除非亲自经历，否则谁也不能预判这种颠覆是否会带来更好的结果。

人们渴望独处，以此来逃避日常生活的压力，换一种生活状态，对此理查德·伯德（Richard Byrd）上将曾有过生动阐述。1934 年冬天，伯德上将负责美国在南极的一个先进气象基地的探测工作，并坚持要独自完成。他承认自己想要独守基地，表面上是为了进行气象观测，其实这并非主要原因。

除了气象和极光观测工作，我并没有什么其他重要目的。什么目的也没有，只不过是想一个人充分体会那种经历，想独处一段时间，想长时间地品味平和、宁静和孤独，想知道这些到底有多好。[4]

伯德这样做并不是为了逃离什么不幸，他认为自己有着非常幸福的私生活。然而，在过去的 14 年里，组织各种探险队的压力，加上为之筹款的焦虑，以及围绕他的成就进行的那些不可避免的宣传，最终导致他进入一种“不断的混乱”状态，他感到自己的生命似乎漫无目的。他觉得自己没有时间读想读的书，没有时间听想听的音乐。

我想要的不只是地理空间上的独居，我想要扎根于让内心重新充实的哲学境界。[5]

他还承认这是有意考验自己，看看自己在前所未有的严酷环境中会有怎样的忍耐力。他希望找到人生新的意义，而且也的确实现了。在 4 月 14 日的日记中，他这样写道：

每天下午 4 点，我在零下 67 摄氏度的严寒中散步……驻足聆听，万籁俱寂……白昼渐逝，夜幕降临，却带来极致的平静。这里有无法估量的宇宙运转和力量，和谐而无声。对，和谐，就是这个！这就是寂静传递出来的——一段轻柔的韵律、一种完美和弦透出的张力，或者是天地和鸣的乐曲。

我能够捕捉到这种韵律，并在瞬间成为其中的一部分。在那一刻，我可以毫无疑问地感觉到人类与宇宙的统一。这种韵律如此整齐、和谐而完美，以至我确信这绝非出自偶然——因此，必然存在一个统一的整体，人类是其命定的一部分，而非意外分支。这是一种超越理性的感觉；它深入人类绝望的中心，却又发现绝望无根无据。宇宙和谐有序，而非混乱不堪；人类同白天和黑夜一样，都是宇宙理所当然的一部分。[6]

他还在别处提到过，那时感觉比生命中的任何时候都“更有活力”。不幸的是，伯德后来病了，因为火炉故障而中毒。叙述的后半部分主要是在描述他与体弱病痛做斗争，不再叙述他那神秘的与海洋有关的经历。尽管这些经历险些让他丧命，但在苦难结束四年后，伯德还是这样写道：

我确实带回了一些以前没有完全拥有的东西：懂得欣赏活着本身所代表的纯粹美好和奇迹，还建立了谦逊的价值观……文明并没有改变我的想法。我现在的生活更简单，也更加平静。[7]

伯德所描述的这种人与宇宙融为一体的神秘体验，相信读过宗教专家笔下类似书籍的人一定不会觉得陌生。正如威廉·詹姆斯（William James）㊀在《宗教经验之种种》（*The Varieties of Religious Experience*）一书中所写的：

克服个人与绝对者（the Absolute）㊁之间通常存在的所有障碍是一种伟大而神秘的成就。在这种神秘的境界里，我们都与绝对者融为一体，而且我们会意识到这种融合。[8]

弗洛伊德在《文明及其不满》（*Civilization and Its Discontents*）一文中提到了他与罗曼·罗兰（Romain Rolland）的书信往来，他还曾送过罗兰一本他写的质疑宗教的书《一种幻想的未来》（*The Future of an Illusion*）。罗兰抱怨说，弗洛伊德没有理解宗教情感的真正来源，罗兰断言宗教情感是“一种‘永恒’的感觉，一种广阔无垠的感觉——就像‘海洋般浩渺’”。弗洛伊德却表示，他在自己身上丝毫找不到这种感觉。他接着表示，罗兰

㊀ 美国哲学家、心理学家，是美国历史上最具影响力的哲学家之一，被誉为“美国心理学之父”。——译者注

㊁ 绝对者（the Absolute）：一种宗教（多见于印度教）概念，超越时空的无形至上者，类似于佛、上帝等存在，其他译法有“绝对”“绝对体”。——译者注

所描述的是"一种不可分割的联结，一种与外部世界融为一体的感觉"。[9]

弗洛伊德又将这种感觉与深陷爱恋的境界进行比较，当一个人到达爱情的某种高度时，他可能会觉得自己和所爱的人融为一体。正如人们所料，弗洛伊德认为这种海洋般浩渺的感觉是倒退到早期状态：是还在吃母乳的婴儿时期，这一阶段婴儿尚未学会区分自我与外部世界。弗洛伊德认为，学会区分一个渐进的过程。

婴儿一定会对这样一个事实印象深刻：有些刺激来源（后来他会意识到这些源自自己的身体器官）可以随时让他产生感觉，有些来源却时不时地躲避他——其中包括他最渴望的母亲的乳房，而这只会在他哭喊求助时才会重新出现。就这样，与自我相对的"客体"首次出现，这个客体以"外界"事物的形式存在，并且只会在特殊行为的催生下被迫出现。[10]

弗洛伊德对罗兰所谓浩渺无垠之感是宗教情感的源泉这种说法不以为然。他声称，人类对宗教的需求源于婴儿的无助感："我认为童年时期对父亲保护的需求最为强烈，其他任何需求都比不上。"[11] 然而，他承认这种浩渺的感觉可能后来与宗教联系在一起，并推测"与宇宙融为一体"是：

第一次尝试获得宗教上的安慰，好像这是另一种可以拒绝危险的方式，拒绝自我识别的来自外部世界的威胁。[12]

虽然我们都难免产生自我欺骗和对各种愿望得以实现的幻想，但弗洛伊德对上述这种浩渺的感觉及其意义的阐述并不是很贴切。这种感觉的重要程度似乎比他愿意承认的要高一些。防御性策略和逃避现实的愿望幻想通常会显得肤浅，而且有的会显得很不真实，甚至那些用这些策略和幻想的人自己也会这样觉得。但是，和伯德及威廉·詹姆斯一样经历过类似精神状态的人，都认为这种体验对他们的自我认知和世界观产生了永久性影响，对他们来说这是一生中意义最深的时刻。不只是体验过与宇宙融合的人这样觉得，那些感觉与心爱的人融为一体的人也是如此。

弗洛伊德正确地看到了两种形式的融合之间有着密切的相似性，却错误地认为它们只是一种退化。这种感觉具有强烈的主观性，而且几乎无法被测量或进行科学研究。但是，与另一个人或者与宇宙完全融为一体，这是一种多么深刻的体验啊，尽管可能只是短暂的一瞬，但也不能仅仅将其视为对逆境或不幸的逃避或防御。

当然，这种体验可能与婴儿早期感受到的与母亲的联结有关。主体与客体的融合，自我与自然的融合，个人与所爱之人的融合，这些可能都是最初母婴联结的一种反映，我们的生命都始于母亲，并逐渐分化为独立的实体。弗洛伊德却视这种体验为虚幻，这可能是因为他本身就否认自己有过这样的经历，而有过这种体验的人往往会将这种感受描绘得格外真实，程度超过其他任何能回忆起来的感觉。

这种狂喜的融合体验有时会和接受死亡，甚至渴望死亡联系在一起。剧作家威廉·理查德·瓦格纳（Wilhelm Richard Wagner）将情欲理想化为狂喜融合的原型，他把森塔用爱和自杀来救赎荷兰船长作为歌剧《漂泊的荷兰人》（*The Flying Dutchman*）的结尾。最初的舞台指示要求，在荷兰人的沉船残骸上方，这对情侣的身影将在落日的余晖中升空而去。大型乐剧《尼伯龙根的指环》(*The Ring of the Nibelung*) 系列最后一部《诸神的黄昏》(*Götterdämmerung*) 中，剧终时布伦希尔德骑上马，跳进齐格弗里德的火葬柴堆中，与他同归于尽。《特里斯坦与伊索尔德》(*Tristan und Isolde*) 以一曲《爱之死》(*Liebestod*) 结束；在狂喜和超脱中，伊索尔德伏在特里斯坦的尸体上死去。对此瓦格纳曾这样写道：

活着只剩下一件事：欲望，无法抑制的欲望，不断重生的渴望——狂热的渴望；唯一的救赎——死亡，生命的终止，永远没有觉醒！……力量耗尽之后，心又跌回欲望的沉沦——欲望无法达成；因为每个果实都会播下新的欲望的种子，直到最后精疲力竭之际，破碎的眼睛终于看到一丝极致的狂喜：这是放弃生命的极乐，是生命不再的幸福，是通往那个奇妙境地的最后一次救赎，每当我们以最猛烈之势竭力进入那里，我们反而离得最远。我们可以称之为死亡吗？或者说是夜晚的神奇世界，从这里——正如故事里所说——长出了一棵常春藤和一棵葡萄藤，它们盘绕交错于特里斯坦和伊索尔德的坟墓上方，紧紧拥抱难解难分，不是吗？[13]

在《超越忍耐》(*Beyond Endurance*) 一书中，格林·贝内特 (Glin Bennet) 描述了他在独自旅行时体会到的与自己和宇宙融为一体的感觉。对这种经历的探索也是单独旅行的原因之一，但过程中可能会伴有自杀的诱惑。贝内特举了弗兰克·马尔维尔 (Frank Mulville) 的例子：马尔维尔是一名单人航海家，在加勒比海上时，一种强烈的愿望涌上心头，他想回头看看自己那漂亮的帆船，于是他将身子探出舷外。回顾这一眼如此动人心弦，以至于他真的很想放开绳子，让自己永远融入大海。[14]

贝内特还举了克里斯蒂亚娜·里特（Christiane Ritter）的例子，她遇到了同样的危险。里特曾在斯匹次卑尔根岛西北部的一间小屋里独自待了数天，她的丈夫和朋友外出打猎去了。她讲述自己曾出现了各种幻觉和错觉，其中有种感觉是，她仿佛和月光融为了一体。她还梦到冰层下的水流似乎在引诱自己。独处了九天以后，她甚至不敢冒险迈出小屋一步。[15]

英国诗人约翰·济慈（John Keats）将这种心醉神迷的体验及其与死亡的关联生动地记录在了《夜莺颂》（*Ode to a Nightingale*）㊀中：

我在黑暗中里倾听；多少次
我几乎爱上了静谧的死亡，
我在诗思里用尽了我言辞，
求他把我的一息散入空茫；
而现在，死更是多么的富丽，
在午夜里溘然魂离人间，
当你正倾泻你的心怀
发出这般的狂喜！[16]

狂喜的精神状态与死亡的联系是可以理解的。这些稀有瞬间如此完美无缺、令人心驰神往，以至于让人很难再回到平常的生活中去，那么结束生命此时就会充满诱惑，因为可以避免被俗世的紧张、焦虑、悲伤和愤怒再次侵袭。

㊀ 摘自查良铮译版。——译者注

对弗洛伊德来说，这种自我的解体不过是对婴儿时期的一种回溯，它可能的确带来了幸福感，但其实代表着一个失乐园，是任何一个成年人都不能或者不应该希望重新得到的。对卡尔·荣格（Carl Jung）来说，达到这样的境界是很高的成就，是神秘而又神圣的经历，这可能是为了了解自己和自身存在所做的长期努力的结果。在本书的后面，我们将进一步探讨荣格的自性化概念，即心灵系统的各个部分对立统一的概念。

第4章 被迫孤独

Solitude
A Return to the Self

最难忍受的孤独莫过于缺少真正的友谊。

——弗朗西斯·培根（Francis Bacon）

在上一章中，我们罗列了自主选择孤独的一些有益效果，被迫孤独则另当别论。一般认为，单独监禁是一种严厉的惩罚，如果与此同时还伴有威胁、施加不确定性、剥夺睡眠等其他手段，那么受害者的正常精神功能可能会遭受破坏，任何补偿性措施都无法实现功能的重新整合。另外，事实证明，较为宽松的监禁条件有时是有效的。监禁隔绝了日常生活的干扰，鼓励那些具有创造性潜力的囚犯有效利用其丰富的想象力资源。我们会看到，在一些允许写作的监狱里，不少作家开始了创作，或者度过了心灵和精神上的混乱时期，这些在他们后来的作品中得到了体现。

将监禁作为对罪犯的惩罚，最初被认为是一种强制悔改的方法，一种替代可怕酷刑的、更为人道的方法，可以替代截肢、烙印、鞭笞、轮刑等酷刑或其他残忍的处决方法。几个世纪以来，地方监狱被广泛使用，可以用来暂时关押流浪汉、酗酒者、乞丐和其他妨害社会治安的人。监狱还被用于收容候审的被告人，以及被判有罪等待惩罚的罪犯。但作为对重刑犯的一种特定惩罚，监禁还是相对较新的一种惩戒手段。诺弗尔·莫里斯（Norval Morris）[1]声称：

[1] 美国法学教授、犯罪学家，倡导刑事司法和精神健康改革，曾任芝加哥大学法学院院长。——译者注

监狱是美国人的发明，在18世纪最后的十年里由宾夕法尼亚贵格会教徒发明……在他们的“监狱”里，贵格会教徒计划使用隔离、忏悔等方式来修正行为，用《圣经》的诫谕和独自阅读《圣经》来提振人心，以此代替残酷又没有意义的死刑和体罚。这三种改造方法（远离堕落的同龄人，给予反思和自省的时间，提供《圣经》戒律的指导）无疑对善于反思的贵格会教徒（正是他们设计的监狱）有所帮助，但其实他们中很少有人会成为囚犯。这些补救办法是否真的适用于后来进入监狱的大部分人，这一点更加值得怀疑。[1]

这当然是一种颇为讽刺的保守说法。如今英国民众的普遍看法是，监禁对打击犯罪不仅起不到任何作用，还会产生反作用。监禁能否产生威慑作用尚不能肯定，对罪犯的改造作用也可以忽略不计。监狱把罪犯聚集在一起，助长了犯罪亚文化的滋生。刑期过长还会使罪犯与家人长期分离，导致家庭关系破裂。刑满释放后获得家庭和社会的支持是为数不多的可以降低累犯概率的有效因素之一，而长期监禁实际上增加了再次犯罪的可能性。重回社会以后能够找到合适的就业机会是减少累犯概率的另一个有利因素，但是大多数社会都不愿意在监狱上花钱，以至于囚犯无法获得足够的再培训项目或者学习新的职业技能。

在普通的英国监狱里，除了对严重暴力行为处以相对短暂的单独监禁惩罚以外，其他场合很少使用。在法国，至少到20世纪80年代都还会在无期徒刑的初始阶段使用单独监禁，不过允许罪犯适当参加一些集体活动。最初，人们希望通过隔离迫使罪犯面对自己的良心，进而促使他们改过自新。服刑的单人牢房是仿照修道院那种单人小室来建的。但监狱管理者逐渐认识到，隔离给罪犯造成了相当大的压力，并导致精神不稳定和行为失矩。虽然与其他罪犯共处有可能提高犯罪概率，但是两害相权取其轻，这点不足也就没那么严重了。长期隔离被认为是既残酷又无效的。

此外，自第二次世界大战（以下简称“二战”）以来，英国的监狱一直人满为患，就算囚犯想要独自反思自己的罪行和罪恶，现实情况都不允许。原本为单个囚犯设计使用的牢房现在不得不关押三名囚犯，这违反了 1955 年联合国大会通过的《囚犯待遇最低限度标准规则》（Standard Minimum Rules for the Treatment of Prisoners），其中一条规定除了临时过于拥挤等特别情况外，每个囚犯应在夜间独自占用一个牢房或房间。

在丹麦，因刑事犯罪被拘留候审的人当中有很大比例是单独监禁，等待案件调查结果。尽管瑞典最近也有关于类似做法的投诉，但欧洲其他国家在审前羁押中使用隔离的程度都没有如此之高。隔离期从两周到四周或更长时间不等；但是据了解，有几个被拘留者的隔离期竟然长达一两年的时间。

被拘留者一天有 23 个小时被关在狭小的牢房里。只允许他们进行两次时长半小时的单独锻炼，如果不是上厕所或者送饭过来，他们会一直处于孤独状态。虽然可以看书、听广播、看电视、写信，在某些情况下还可以获得在监督下探视的机会，但即使是这种程度的隔离，也常常对精神功能产生有害影响。许多被拘留者抱怨自己会出现烦躁不安、失眠、注意力难以集中和部分记忆力衰退的情况。他们发现自己很难测算时间的流逝，于是会创造一些强迫性习惯来标记时间，从而形成一天的固定结构。当这些习惯被审问或律师来访打断时，他们会变得非常焦虑。由此产生的自残和自杀企图相当常见。1980 年，在监狱中自杀成功的有七成是候审拘留者。许多被拘留者表示，如果隔离时间延长至几周以上，他们会产生难以名状的疲乏感。有些人会变得几乎完全漠然；有些人则会情绪失控，甚至觉得自己快要疯了。即使隔离终止，许多症状仍然会持续下去。被拘留者表示，他们根本记不起自己读过什么，甚至连电视节目都看不进去。如此一来，有的人在被审问时向警方做了不准确或是相互矛盾的陈述也就不足为奇了。在长期隔离之后，很多人害怕恢复社会交往，不敢开始亲密关系。这种交往能力的受损可能会持续数年之久[2]。

克里斯托弗·伯尼（Christopher Burney）在《单独监禁》（*Solitary Confinement*）一书中描述了自己在法国的监禁生活。[3]伯尼利用了想象散步和复盘知识点来保持头脑清醒。此外他还指出，囚犯应当保留一些完全属于自己的决定权，哪怕权力再小，也至关重要。即使是同意完全顺从俘获者的囚犯，也可以保留一定程度的自主权，例如决定现在吃给他的面包，还是把面包留着以后吃。这些表面上微不足道的决定，也许正是判断囚犯是否依然作为独立实体存在的关键。

尽管在大多数情况下，纳粹集中营的囚犯不是被单独监禁的，但布鲁诺·贝特尔海姆（Bruno Bettelheim）仍然强调保留独立决策能力的重要性。贝特尔海姆被关在达豪和布痕瓦尔德集中营时，通过自己的观察发现，放弃并死亡的囚犯都是那些放弃独立决策的人；他们默许了俘获者对他们进行非人化对待，对他们实行完全控制。

在集中营里，剥夺囚犯的自主权，哪怕是剥夺最微不足道的权利，都是极其恶毒的，而且无孔不入。然而，这种手段在不同的方面收效并不一致，对生活的某些方面产生的影响会更大。剥夺囚犯的自主权，造成了相当严重的人格解体，无论是在他的内心世界里还是在他的人际关系中。[4]

小提琴家耶胡迪·梅纽因（Yehudi Menuhin）也曾提到另一个利用专注回忆来保护坚毅心智不致崩溃的例子。二战终结之际，在匈牙利的布达佩斯，当时德国人正在围捕犹太人，指挥家安塔尔·多拉蒂（Antal Dorati）的母亲：

发现自己和其他几十个人一起被赶到一个小房间里，在那里他们被关了好几天，没有食物，也没有其他任何设施。后来这些人大多数都疯了，而她却有条不紊地回顾了每一首贝多芬四重奏，按照心中所记将四个乐章逐一记过，通过这样的方式保持了理智。[5]

监禁，特别是单独监禁所带来的部分精神崩溃其实是感觉剥夺的结果。醒着的时候，大脑只有在接收到外部世界的感知刺激时才能有效地工作。我们与环境的关系以及我们对环境的理解取决于我们通过感官获得的信息。而当我们睡着时，我们对外部世界的感知会大大减少，当然一些特别的声音仍然会唤起我们，比如孩子的哭声。我们会进入神奇的梦境；一个幻想的、主观的世界，不再依赖当下的记忆，而是被过往的经验以及愿望、恐惧和希望所支配。

对感觉剥夺的研究始于 20 世纪 50 年代初，参与研究的被试被关在隔音且昏暗的房间里，除了吃饭或上厕所以外，他们需要一动不动地躺在床上。在条件更严格的实验中，被试还会被悬置于温水中，并且被禁止所有动作，以便尽可能减少接收来自皮肤和肌肉的信息，同时被剥夺视听。因为被试都是志愿参加，所以根据安排，只要他们觉得条件无法忍受，就可以随时终止实验。

尽管采用的方式方法不同会导致实验结果出现一定程度的差异，但总体来说结果可以总结如下。

一是智力表现恶化，特别是当被试被要求进行任何新的或“创造性的”活动时。许多人表示难以集中注意力，无法保持连贯思绪。有的人抱怨说，他们无法控制某些持续出现的强迫性想法。还有些人甚至放弃尝试连贯思维，直接陷入白日梦。

二是暗示感受性大为提高。在一个实验中，与正常条件下接触相同宣传的被试相比，接受感觉剥夺的被试对宣传的暗示感受性增加了八倍。一个人在接收信息极少的情况下，会对这些有限信息产生更深刻的印象。

三是许多被试者出现视觉幻觉，少数人出现听觉或触觉幻觉。

四是一些被试经历了惊恐发作。有些人遭受了毫无来由的恐惧，例如对失明的恐惧。有些人则相信实验者已经抛弃了他们。一名被试要求提前结束实验，因为他的脑海里满是童年的不快记忆，让人无法忍受。即使是自愿选择的隔离，有时候也是难以忍受的。

在普林斯顿大学，关于感觉剥夺最广泛的研究，有些是在本校学生身上进行的，到了夏天，大部分普林斯顿的学生放假离校了，研究人员找不到足够的被试。这时他们就从其他学校招募被试，这些学校不像普林斯顿，它们开设了暑假班。然而，这个做法失败了。虽然获得了相应的报酬，但来自普林斯顿以外的这些被试几乎全都要求尽早结束感觉剥夺实验。普林斯顿的学生了解而且信任这些研究实验人员，可是来自更远些地方的被试却没有这样的信心。

最后一点值得强调。它说明了这样一个事实，就是在同样的隔离或感觉剥夺的条件下，不同情况可能会产生截然不同的影响。

治疗某些种类的疾病或损伤会需要减少感觉输入，而这可能导致严重的精神损害。例如，治疗严重烧伤患者可能需要完全固定和全面包扎，有时甚至得给眼睛包扎。在这种情况下，患者可能需要护士照顾他们所有的身体需要。根据报道，精神病发作经常会出现在这类患者身上。

众所周知，眼科手术会引起精神症状，特别是双眼都要遮盖住的时候，还有保持固定不得动弹的时候，比如视网膜受损后的修复静养期。

心脏手术有时需要长时间保持固定不动，这时候人往往感到无奈又无力，而且还要接上各种维持生命的机器。如果要用氧气帐，就会进一步隔离病人，导致其无法获得正常的感觉输入。在这种情况下，也无怪会出现精神错乱。

失明和失聪都已经被认定属于精神疾病的致病因素。特别是失聪，它更加容易引发偏执想法，让人觉得自己正在被非议、被歧视，或者被欺骗。与之相反的一面是，这种对部分感觉的剥夺能够迫使被试观照内心，从而可能产生类似于伯德上将所说的积极影响。

贝多芬的失聪大概始于 1796 年，时年不过 26 岁。随着时间的推移，他的病情不断加重。在这期间，贝多芬始终坚持公开演出，演出的难度也越来越大，这样一直持续到 1814 年左右。1816 年，他开始使用助听器。1818 年，他开始利用对话本（Conversation Books）和访客进行书面交流。在 19 世纪的头两三年里，由于听力的逐渐丧失，加之病痛的侵扰，贝多芬基本是在焦虑的痛苦中度过的。这一点得见于他给朋友的致信，还可见于著名的 1802 年《海利根施塔特遗嘱》(*Heiligenstadt Testament*)，这是他写给兄弟们的一封信，在他死后留下的文件中被发现。

当别人站在我的身旁，听到了远方的笛声，而我“一无所闻”，别人听到了“牧人的歌唱”，而我还是一无所闻，这对我是何等的屈辱！这类事件已使我濒于绝望，差一点我只能用自杀来收场——是“艺术”，是她留住了我。[6]

贝多芬的耳聋增加了他对别人的不信任，让他更加易怒，并且难以维持亲密的人际关系。然而，新近的一位传记作者这样写道：

但是，从某种意义上来讲，失聪或许对他的创造力起到了积极的作用，因为我们知道，失聪不仅没有削弱他的作曲能力，反而可能强化了他的作曲能力。这也许是因为，没有了精湛的钢琴演奏技巧，发挥创造力的出口就少了一份干扰；也许是因为，在听力隔绝愈发加重的世界里，全神贯注地创作要来得更加容易。在这个失聪的世界里，贝多芬可以尝试各种新的体验形式，没有外界嘈杂的干扰，没有物质世界的成规禁锢，就像一个做梦的人，可以随心所欲地把现实经历组合和重组成以前做梦也想不到的形式和结构。[7]

关于贝多芬后来进行的一些尝试，将在第 11 章进行讨论。

弗朗西斯科·何塞·德·戈雅－卢西恩特斯（Francisco José de Goya y Lucientes）也是如此，作为一名极富创造力的天才，他的艺术创作也极大地得益于耳聋。戈雅生于 1746 年，是西班牙最时尚、最成功的艺术家；他是一名宫廷画家，曾任西班牙马德里皇家美术院的副院长。但是到了 1792 年，戈雅生了场病，由此耳聋，于是他从肖像画转向别的风格创作。正如他自己所写，这些创作给了他更多创新和幻想的空间。通过讽刺蚀刻版画第一部《狂想曲》（*Los Caprichos*）和第二部《战争的灾难》（*Los Desastres de la Guerra*），戈雅表达了他对拿破仑入侵的恐惧。1820 ～ 1823 年，他在自己的房子"聋人屋"的墙壁上绘制了"黑色绘画"（black paintings），也就是在马德里普拉多博物馆中展出的"黑色绘画"系列作品。安德烈·马尔罗（André Malraux）写道：

为了让自己的天赋充分显现，他必须敢于放弃取悦他人这一目的。失聪隔绝了世人，却也让他发现观众本就具有脆弱性，他意识到画家只需与自己斗争，这样迟早有一天，他会成为一切的征服者。[8]

戈雅有着无比可怕的想象力。失聪带来的与世隔绝迫使他记录下来那些噩梦般的幻象，还有对人类愚蠢和邪恶的绝望、对暴政的深恶痛绝以及对人类苦难的同情，表达之强烈没有任何一个艺术家能出其右。他将那幅可怕的画作《农神吞噬其子》（*Saturn Devouring His Son*）挂在餐厅的墙上做装饰。我们实在难以理解像戈雅这样热衷于表达如此恐怖之人究竟是如何做到自处的；但戈雅又的的确确是一个无比坚强之人。哪怕是到了 82 岁的高龄，看不清也听不见了，他还是这样写道："我已经一无所有了，唯独意志——我还有很多。”[9]

前面我们已经提到，在部分感官丧失的情况下，病人或者有偿被试很容易对原本信任的人产生怀疑，怀疑他们是否诚实。因此，敌人施加的被迫独处往往更容易产生毁灭性的影响，这一点自然不足为奇。强烈的焦虑、无法确定的未来，再加上对折磨和隔离的恐惧，扰乱了正常的心智功能。这种破坏的影响可能持续数月甚至数年之久。

在北爱尔兰，感觉剥夺被蓄意用作审讯恐怖分子嫌疑人的一种手段。一般程序包括：在审讯以外的其他时间里，被拘留者的头上一直套着厚实的黑色头巾。他们被持续单调的噪声包裹，音量大到根本无法与其他被拘者交流。他们还会被要求面壁而站，双腿分立，倚靠指尖支撑身体。此外，在关押初期，他们会被剥夺睡眠，除了每六小时一次的面包和 550 毫升水以外，再也没有其他任何饮食。当他们想要把头靠在墙上休息一会儿时，就会有人过来制止他们。如果他们倒下了，就会有人把他们扶起来，然后迫使他们重新恢复固定姿势站立。

感觉剥夺研究所使用的那种隔音、不透光的房间非常昂贵；而在北爱尔兰采用的这些技术则被证明是有效的替代品。这些黑色头巾可以阻止人们获取任何视觉信息。一台持续运作的机器可以确保他们接收不到任何其他听觉信息，唯有这种巨大而单一的噪声。至于面壁姿势，则减少了皮肤和肌肉传递出来的动觉信息。因此，尽管被拘留者和其他人被关在同样的房间里接受审讯，但他们却被有效地孤立起来，同时被剥夺了应有的感知。

相应的影响则是毁灭性的。长期半饥饿状态会导致体重迅速下降，再加上睡眠不足和难受的固定姿势，这些本身就足以造成极大压力，对大脑机能产生一定损害，即使没有额外的视听剥夺。有些人得连续靠墙站立十五六个小时，只有吃口面包、喝口水、上个厕所的功夫可以稍做喘息。许多人出现了幻觉，认为自己几近疯癫。后来有人说，他们宁愿当即赴死，也不愿再接受更多审讯。

这些人被释放以后接受的精神系统检查显示，其持续存在以下症状：睡觉做噩梦、醒时会紧张和焦虑、有自杀的想法、患有抑郁症，还有身体上的一系列症状，比如头痛、消化性溃疡这些通常认为与压力有关的症状。有可靠的精神病学观点表示，至少部分遭受蒙面套头的人永远不会从相关经历中恢复过来。

随着这些审讯真相逐渐露出水面，各界人士都开始发起抗议，他们对此深感震惊，没想到英国竟然采用了这些堪比酷刑的手段来撬开被拘留者的口。这些方法的利用似乎是在未经官方授权的情况下逐渐发展起来的。最终，时任英国首相爱德华·希思（Edward Heath）明令禁止继续使用这些手段审讯囚犯或嫌犯。

尽管在英国和其他类似的国家，长期监禁很少会涉及长时间的单独监禁，但它们的确是斩断了囚犯获取大部分外界刺激的途径，而这些刺激是他们赖以生存的意义所在，因此从最广泛的意义来讲，这也算是实施了某种程度的感觉剥夺。监狱里单调乏味的环境、有限的运动和户外活动机会、一成不变的日常生活、缺失与爱人在社交和性方面的亲密关系——所有这些都属于剥夺范畴，这种条件下的长期监禁会对囚犯的精神造成永久性损害。

直到最近，“终身”监禁才开始普遍以假释终止，最多监禁 9 年或 10 年，因为人们认识到，监禁时间如果再长一些，囚犯获释后可能不太适应得了外面的生活。在英国，被判无期徒刑的人可以随时获释，但是终其一生都保有假释身份。也就是说，只要当局认为有必要，罪犯余生随时可以被召回监狱。如今，许多法官在判决强奸或谋杀等滔天罪行时，会建议将罪犯监禁20年及以上，当然这种建议会被审慎处理。毕竟如果真的这样执行，将会有越来越多的罪犯形成永久缺陷，刑满释放以后也不再具有社会生存能力。

剥夺外界刺激的现象在安全级别最高的监狱里尤为严重，因为关押在那里的囚犯被视为危险人物或者存在潜逃的可能。当然，这些囚犯也最有可能被延长刑期。虽然不乏一些长期服刑的囚犯服刑后仍然状态完好，比如“阿尔卡特兹的养鸟人”（Birdman of Alcatraz）[㊀]，但是常见的还是状态恶化以及患上“拘禁性神经障碍”。长期监禁的犯人会变得孤僻、冷漠，对自己的外表和周边环境毫无兴趣。针对这些情况，斯坦利·科恩（Stanley Cohen）和洛里·泰勒（Laurie Taylor）在《心理生存》（***Psychological Survival***）这本书里给出了精彩论述，他们对英国杜伦监狱（所幸现在已被废除）最高安全级别监区里长期关押的囚犯进行了研究，并基于此对相关影响做出论述。他们受聘前去为那些长期监禁的囚犯上社会科学课，每周一次。这些课程极大吸引了那些没在监狱待多久的囚犯，但是服刑多年的囚犯却鲜有参加。然而，有一名服刑14年的囚犯定期来听。后来他写信给作者：

你能想象一个终身监禁的囚徒的感受吗？梦想变成噩梦，城堡变成灰烬，所思所想皆是幻想，于是最终你抛弃了现实，活在

㊀ 指美国鸟类爱好者、杀人犯罗伯特·斯特劳德（Robert Stroud），曾因杀人被判死刑，后改判无期徒刑。在狱中，他记录了金丝雀的生活习性，养殖了多达150只金丝雀，并出版了多篇著作，曾影响了一些鸟类学家。——译者注

一个扭曲的虚幻世界里，你拒绝接受普通人的规则，而制定了适合自己那个小世界的规则。在这个无期徒刑犯的世界里，没有白昼，只有黑暗，而就是在这样的黑暗里，我们寻得安宁，找到了在自己的世界里，一个虚构的世界里活下去的能力。[10]

本章所举的例子表明，在不同的情况下，脱离日常生活的刺激可能具有治疗意义，也可能产生破坏作用：这种脱离是源于强制还是自愿，随之产生的作用也会更加不同。时间的长短也很重要。虽然尚未得到明确证实，但只要长期脱离日常生活，就有可能造成永久性损害，无论脱离是否属于被迫执行。

然而，监禁条件千差万别，过去有时不比今天严格。几个明显的例子表明，即使是在监狱里，适当的孤独和适度脱离正常生活反而能促进创作。

罗马哲学家波爱修斯（Boethius）在东哥特国王狄奥多里克一世统治时期担任政务总管这一重要职位。作为行政部门和宫廷官员的首领，这一要职几乎不可能给他留下什么时间，用来追求他最爱的哲学研究。可是，狄奥多里克对波爱修斯的信任并没有一直持续。这位哲学家后来被控叛国罪，并被逮捕、判刑，还被流放以待处决。被囚于意大利西北部的帕维亚期间，波爱修斯创作了《哲学的慰藉》（*The Consolation of Philosophy*），正是这部作品让他至今被世人铭记。公元 524 年或 525 年，波爱修斯被严刑拷打致死。

1529 年，亨利八世的财政大臣托马斯·莫尔爵士（Sir Thomas More）因拒绝否认教皇至上，反对国王担任英国国教领袖而被囚禁在伦敦塔。1535 年莫尔受审并被处决之前，他在监狱里度过了一年多的时间。在此期间，他写就《快乐对苦难对话录》(*A Dialoge of Cumfort against Tribulacion*)，被认为是展现基督教智慧的一部杰作。

英国的沃尔特·雷利爵士（Sir Walter Raleigh）被控叛国罪，处以死刑。后来他被判为缓刑，1603～1616年被囚禁于伦敦塔。同托马斯·莫尔爵士的情况一样，我们可以推测雷利在狱中也没有遭受太严苛的对待，因为在这些年里，他完成了著作《世界史》(*The History of the World*)。这本书从创世写到了公元前2世纪，出版于1614年。获得假释以后，雷利第二次到圭亚那探险。不幸的是，这次探险没有成功，向国王承诺的黄金一无所获；雷利从死缓转回原刑，于1618年被处决。

大约在1655年，约翰·班扬（John Bunyan）加入了贝德福德分离派教会，并开始布道一些非正统的宗教理念，直到1660年英国查理二世复辟王位。1660年11月12日，他在地方法院受审，被指控违背英国国教规定非法布道。1661年1月，巡回法庭判处其在贝德福德郡监狱服刑直至1672年3月。不过，对班扬施加的监禁条件非常宽松，他可以探望朋友和家人，甚至能够偶尔讲道。12年的监禁生活里，他撰写了一部有关信仰历程的自传《丰盛的恩典》(*Grace Abounding*，1666)，而且几乎可以肯定，他在这期间还完成了《天路历程》(*The Pilgrim's Progress*)的大部分创作。后来，查理二世撤回“信教自由宣言”(Declaration of Indulgence to Nonconformists)，获赦的班扬因非法布道于1677年再次入狱。

1849年的圣诞节那天，陀思妥耶夫斯基（Dostoevsky）开始了从圣彼得堡到西伯利亚的长途跋涉，未来的四年时间他将在那里的苦役营度过。他与彼得拉舍夫斯基小组的其他成员一起于 1849 年 4 月被捕，并已在彼得保罗要塞（Peter and Paul fortress）服刑 8 个月。一开始，他被单独监禁，而且不让阅读或写作。尽管如此，他发现自己的内心世界足够支撑他忍受囚禁，而且远远超出了初始预期。或许被捕可能刚好让他免于崩溃，而不是加剧崩溃；因为有证据表明，在过去的那个冬天，参加地下革命组织这件事一直在侵蚀着他的内心，让他几近崩溃边缘。

7 月初，囚犯们获准从图书馆借书，于是陀思妥耶夫斯基沉入其中。他还给他的兄长米哈伊尔（Mikhail）写信说，他构思了三个故事和两部小说。著名的塞门诺夫斯基广场假处决事件就发生在 12 月 22 日，当时陀思妥耶夫斯基面对着行刑队，结果在最后一刻被终止。在西伯利亚，陀思妥耶夫斯基唯一的文学活动就是偷偷地保留了一本笔记，里面记录了他的狱友们使用的一些短语和表达。他设法将笔记本交给了一位医务助理保管，等到获释时，医务助理又把笔记本还给了他。个中内容被用于《死屋手记》（*House of the Dead*）的撰写，这本书描述了陀思妥耶夫斯基的囚役经历。

这种经历十分可怕，因为囚犯们被关押的环境恶劣，而且长期活在鞭刑的威胁之下。陀思妥耶夫斯基在苦役营里从来没有独处的时间，因此深受折磨，但是情感上的隔离和友谊的缺乏却使他的注意力转向了内在，让他的思想可以在过去徘徊。

四年的苦役生涯里，他一直使用这种不经意间联想的技巧，这或许多少实现了类似于精神分析或药物治疗的作用，释放了压抑的记忆，也因此打开了他的精神障碍和病态固结。这项技巧还起到了另一种保护的作用，使他在禁止纸笔的情况下还能保持艺术才能。[11]

陀思妥耶夫斯基的苦役经历永久地影响了他的人性观，并因此渗透到他的小说中。还有一些不太招人待见的事迹也证明了监禁可以促进文学创作。萨德侯爵（Marquis de Sade）一生反复被监禁，直到最后被关在夏朗东的精神病院，并于1814年12月2日去世，享年74岁。他那些不符常理的想象在囚禁中旺盛起来，可以说正是因为文森城堡和巴士底狱，我们才得见《淑女的眼泪》（*Justine*）以及《索多玛120天》（*Les 120 Journées de Sodome*）这样的作品。

萨德对绝对控制的痴迷同样体现在了阿道夫·希特勒（Adolf Hitler）的作品里，而后者的作品多少也是因监禁成就。希特勒在慕尼黑发起的暴动失败以后，他被囚禁在兰茨贝格要塞监狱。虽然他被判了五年徒刑，但实际在监狱里待了不到九个月，而且在那儿受到了贵宾待遇。正是在那段时间里，他开始向鲁道夫·赫斯（Rudolf Hess）口述《我的奋斗》（*Mein Kampf*）并由后者记录完成。

“如果没有监禁，”希特勒在很久以后这样说道，“《我的奋斗》这本书就永远不可能写出来。那段时间给了我深化各种观念的机会，当时我对这些观念只有一种本能的感受。”

不同于本章所举的大多数例子，有一些案例表明，即使是单独监禁也可能引发某些心理体验，并创造恒久价值。亚瑟·库斯勒（Arthur Koestler）曾在西班牙入狱，他后来在电视节目里讨论了自己的经历，这段经历被记录在库斯勒的散文集《万花筒》

（*Kaleidoscope*）中。

库斯勒很感激自己不用和其他囚犯共用一间牢房，也觉得孤独增强了他对同伴的理解和同情。他有过强烈的体验，感受到某种更高层次的现实存在，而正是孤独让他触碰到了这种存在。他也认为，尝试用语言来表达这种体验，往往会使它变得微不足道，因为个中玄妙无法用语言表达。虽然他没有正统的宗教信仰，但他表示自己感觉到了某种抽象的存在，这种存在无法定义，或者说只能用象征性的表达。

库斯勒认为这种经历让他对正常生活有了新的认识和领悟，并且补充道，自己越发能够意识到表面之下暗藏的恐惧。库斯勒还提到：

> 某种内心自由的感觉、孤独的感觉，面对终极存在，而不是想着银行结单。银行结单和其他琐事不过又是一种监禁罢了。与现实空间相对的，一种精神空间的监禁……所以你同现实存在进行了对话。与生存对话，与死亡对话。

库斯勒确信大多数人偶尔会遇到这种经历：

> 当他们身患重病或父母去世，或第一次坠入爱河的时候，彼时他们就会从我所说的平凡层面转入悲痛或绝对层面。但这种情况只会出现几次。然而，在我分享的那种经历中，人们不得不反复感受这种情况，而且持续很长一段时间。[12]

所以，有的时候，善也能生于恶。人类的精神并非坚不可摧，但有少数勇者发现，陷于地狱之时，恰恰成全了他们瞥见天堂的一眼。

Solitude

A Return to the Self

第5章

想象的渴求

我们已经看到，独处的能力是一种宝贵的资源。它能让人们接触到心底最深的感情，让他们接受丧失，厘清思路，以及改变态度。在某些情况下，哪怕是监狱里的强制隔离，也能促进创造性想象力的增长。

可以肯定地说，人类的想象力比其他任何生物都要发达。尽管动物也会做梦，类人猿也的确表现出了一定的发明能力，但是人类想象力的范围远远超过了哪怕最聪明的类人猿。很明显，人类想象力的发展具有生物适应性；但我们也必须为这种发展付出一定的代价。想象力赋予人类灵活性；但正因如此，人类被夺走了满足感。

进化程度低于人类的生物，它们的行为往往在很大程度上受到预设模式的控制。其中有些模式优美而精致，比如园丁鸟的求偶亭、黄蜂的狩猎习性。只要动物遵循这些古老的模式，其行为就能够适应环境，一如钥匙与锁的契合。如果环境始终保持不变，那么动物生存和繁衍的基本需求自然就能得到保障。(在此我想用拟人化的形容词——我们可以认为这样的动物是“幸福的”。) 但是，如果环境发生变化，那么这种受到预设模式控制的动物则会处于不利地位，因为它不太容易适应不断变化的环境。

人类则更加灵活，因为他们的行为主要是受学习和文化代代相传的支配。婴儿生来就会拥有一些先天的反应机制，这是为了确保生存；但人类行为最显著的特点是，多数为后天习得，极少由先天决定。正因如此，人类才能在从赤道到两极的各种极端气候条件下生存，能够在几乎甚至完全没有生存所需物品的地方存活下去。人类甚至做到了完全离开地球，学会如何在太空中长期生存。在这种环境中，人需要发挥聪明才智和技能。除非智力和想象力取代先天模式，以满足基本需求，否则生存无法得到保证。

但是获得灵活性的代价，从僵化的固有行为模式的专横统治中解放出来的代价，就是“幸福”，即完全适应环境或需求得到完全满足的幸福感，只会短暂存在。梭伦（Solon）曾经说过：“人，只有死了才能说他快乐。”当人们坠入爱河，或者因为有了新发现而大喊“尤里卡”（Eureka）㊀时，又或者体验到华兹华斯所说的那种“惊喜”的超然情感时，他们会感到与宇宙融为一体而无比幸福：然而众所周知，这种体验转瞬即逝。

我在之前的一本书里曾经提过，对现状的不满，或者说“不知足是神圣的”（divine discontent），是人类生活不可忽视的一部分。正如塞缪尔·约翰逊所指出的那样，当下稍纵即逝，以至于我们根本无暇顾及，只能思考过去或未来。当哲人伊姆拉克（Imlac）带拉塞拉斯（Rasselas）㊁去参观大金字塔时，这样推测建造金字塔的原因。

㊀ 传说阿基米德洗澡时发现了浮力定律，然后就大喊“Eureka”，意思是“我找到了”。——译者注

㊁ 出自塞缪尔·约翰逊的哲理小说《阿比西尼亚国拉塞拉斯王子传》（*The History of Rasselas, Prince of Abissinia*，1759），后来也被称作《拉塞拉斯》。——译者注

墓室狭小，证明其无法在对敌时用于撤退，而宝藏完全可以被存放在同样安全但花费更少的地方。如此看来，金字塔的建造似乎只是为了满足想象的渴求，这种渴求对人生的折磨从不停歇，而且必须获得某种乐趣，才能使其平息。那些已经拥有所能享受到的一切的人们，他们必须进一步扩大自己的欲望。[1]

约翰逊所说的“想象的渴求”也是人类适应的一个必要特征。作为一个物种，人类所取得的非凡成就正是源于一种不满足，这迫使他们运用自己的想象力。西方人表现出了更多的不满足。

乍一看好像有些例外与我刚才所写的论点不同。确实，世上还存在一些小群落，那里的人们保留着传统的生活方式，几个世纪都未曾改变。因为无从得知他们内心想象的生活，所以我们无法知道这些群落的成员抱有多少不满；但是，即使是适应环境程度最高的群落也可能会想象一个天堂，在那里他们可以无危无惧、无劳无役。不幸的是，这类群体肯定时刻处于危险之中，因为他们就像那些受控于固有行为模式的动物一样，很难适应现代文明的冲击。不知足者，常为胜者。西方人以骇人听闻的残忍手段对待澳大利亚土著、南北美洲的印第安人、非洲和印度的居民以及许多其他群体。但是，现代社会这种永不知足的创造能力，可能使那些传统部落的更替或许本就在所难免。

不满足可能被认为具有适应性，因为它促进了想象力的运用，从而鞭策人们不断地去征服，不断地增加对环境的掌控。初看之下，这个观点似乎与弗洛伊德的幻想观念相一致。因为弗洛伊德在他的论文《作家与白日梦》（*Creative Writers and Day-Dreaming*）中这样写道：

我们或许可以这样说，快乐的人从不幻想，只有不满足的人才会幻想。幻想的动力就是未能满足的愿望，每一个幻想都是对愿望的实现，为了修正未能满足的现实。[2]

然而，弗洛伊德认为幻想本质上是在逃避现实，是对现实的背离，而不是朝着期望的方向去改变现实的第一步，这与我的论点有出入。弗洛伊德认为幻想源自玩耍，这两种活动不仅都和童年有关，而且也是对现实的否定。

成长中的孩子，当他停止玩耍的时候，他只不过是放弃了与现实客体之间的联系；他不再“玩耍”，而是代之以“幻想”。他在空中建造了自己的城堡，创造了所谓的“白日梦”。[3]

弗洛伊德认为，婴儿最初是受快乐原则（即趋乐避苦的需求）支配的。如果对食物、温暖或舒适的本能需求干扰了婴儿的休息，婴儿就会幻想自己所需的一切。

无论我们想到（或希望得到）什么，都只是以一种幻觉的方式呈现出来，就像我们现在还会每天晚上做梦一般。只有预期的满足感无法实现，只有体会到了失望，才会让人们放弃寻求幻觉带来的满足。取而代之的是，精神结构必须决定对外部世界的真实环境形成一个概念，并努力对其进行真正的改变。这里可以引入一种新的心理机能原理，向大脑呈现的不再是愉悦至上，而是真实的存在。事实证明，形成这种现实原则（reality principle）是很重要的一步。[4]

弗洛伊德认为快乐原则只不过是逐渐被现实原则取代而已。由于精神满足从未被完全消除过，因此快乐原则的痕迹始终有所保留，而且弗洛伊德认为，这些痕迹不仅见于梦中，还会出现在玩耍的过程中。正如我们前面所说，弗洛伊德认为后来出现的各种幻觉源于玩耍。

弗洛伊德似乎认为现实世界能够或者应该能够提供完全的满足感，而且在理想情况下，成熟的人应该可以完全摒弃幻觉。弗洛伊德是一个现实冷静而又颇为悲观的人，所以他不可能真的相信这个理想能实现。然而，他又的的确确认为，随着不断成熟并逐渐形成对外界的理性适应，人对幻想的需求会越来越小。在弗洛伊德的概念框架里，幻想与幻觉、做梦以及玩耍相联系。他认为所有这些形式的心理活动都是对现实的逃避：属于逃避现实的不同方式，这些取决于心理机能的早期类型，被弗洛伊德称为初级过程（primary process)，受快乐原则而非现实原则的支配。弗洛伊德的观点多少有些过于严谨，他认为恰当而又成熟地适应世界取决于审慎思考和理性规划。他不会支持我们现在的主张：幻想的内心世界是人类生来就有的禀赋，正是由于内心世界与外部世界存在不可避免的差异，才会迫使人类变得有创造力和想象力。

不过，弗洛伊德自己取得的成就恰好证明了方才所论。直到弗洛伊德 83 岁去世前，他都一直在修正自己的观点。虽然他相信自己已经发现了一门新科学的基本原理，但他并不认为精神分析的架构是完整的。每一个富有创造力的人，无论他是艺术家还是科学家，都无法安于既得成就而不思进取，弗洛伊德也是如此。他想象中的精神分析和实际的精神分析之间始终存在鸿沟，无法填平。

如果我们不像弗洛伊德那样，假设内在的想象世界是人类生物禀赋的一部分，而人类这一物种的成功正依赖于此，那么我们就会明白，我们不应该像弗洛伊德所希望的那样，只是单纯地努力用理性来取代幻想。相反，我们应该利用幻想这种能力在内心想象世界和外部世界之间架起桥梁。这两个世界永远不会完全重合，这一点不像我们可能给动物所做的假设，即动物的生命周期主要是由先天行为模式决定的。但这其实没什么好惋惜的。如果我们的目标没有超过我们的能力范围，㊀那我们就枉为人类了。一个缺乏幻想能力的种族不仅无法想象物质上更好的生活，而且会缺乏宗教、音乐、文学和绘画。正如戈雅所写：

被理性抛弃的幻想，制造出不存在的怪物，而与理性结合的幻想，却能成为艺术之母和奇迹之源。[5]

即使是科学，也比弗洛伊德所认为的要更加依赖于幻想。许多科学假设来源于想象的起飞，起初看似疯狂，后来却经受住了冷静的审视和详细的证明。牛顿认为引力的作用普遍存在而且可以延伸到极远的距离，这个观点就是想象力的一次飞跃，在他最终找到数学方法证实之前，这看起来一定荒谬至极。德国化学家奥古斯勒·凯库勒（August Kekulé）发现有机分子环状结构，正是源于一个梦一般的幻象，他看到原子连接成环，就像蛇咬住自己的尾巴一样。爱因斯坦能够提出狭义相对论，是因为他能够想象宇宙在接近光速运动的观察者眼中的样子。这些都是关于幻想的例子，尽管它们起源于想象，但它们仍然与外部世界相联系，用不同方式照亮了外部世界，也使其更易于理解。

㊀ 来自英国诗人罗伯特·勃朗宁的名句，原文是“Ah, but a man's reach should exceed his grasp, or what's a heaven for?”译为“人努力达到的目标应该比他的能力更高，否则何须天堂？”——译者注

还有一些幻想引发的科学假设与外部世界之间缺乏这种联系。这种想象引起的创造最终会被当作妄想而抛弃。例如，在整个 18 世纪，燃烧的标准解释都是燃素说（theory of phlogiston）。燃素被认为是决定可燃性的物质成分。某种物体燃烧就应该释出燃素，人们认为这是一种不可称量的流体。然而人们最终证明，燃素只存在于想象中，现实世界没有任何东西与之对应。

因此，我们看到科学领域有两种幻想。第一种幻想联系外部世界，这种联系符合现实世界的实际运作，于是便成为一种富有成效的假设。第二种幻想则没有与外部世界保持这样的联系，最后只能被归为妄想。

艺术领域也存在两种幻想的区分。当像托尔斯泰这样的伟大作家运用自己的想象力去讲述一个故事，并创造出一些能够深深打动我们的不朽角色时，我们能够合理地认为他的幻想与外部现实紧密相连，为我们照亮了那个现实。另外，我们可以看到有些小作者的幻想，可能表现为“惊悚”或“浪漫”小说，却与现实世界几乎无关，这些实际上可能只是逃避现实世界的尝试而已。

弗洛伊德在《论心理功能的两条原则》（*Formulations on the Two Principles of Mental Functioning*）这篇论文中，似乎对此表示部分同意，他写道：

艺术以一种独特的方式实现了两个原则的调和。艺术家本来是一个这样的人：他逃避现实，因为他无法接受现实要求他放弃本能满足，同时他还会利用幻想的生活充分释放自己的欲望和雄心壮志。然而，他找到了一条从幻想的世界回归现实的道路，利用自己的天赋将幻想塑造成一种新的真理，而这种真理被人们视为对现实的珍贵反映。因此通过某种形式，实际上他成了英雄、王者、创造者，或者他最想成为的人，他无须走那条漫长的、改变外部世界的迂回道路。但他之所以能做到这一点，是因为其他人也对现实要求放弃满足这一点感到不满，还因为这种不满（作为现实原则取代快乐原则的产物）本身就是现实的一部分。[6]

这篇文章中体现的困惑显而易见，因为弗洛伊德无法放弃自己的观点，那就是对于成熟的成年人来说，幻想应当被冷静而理性的思考所取代。弗洛伊德在提到艺术家将幻想塑造成“一种新的真理”时，多少还是承认了幻想并不是完全在用逃避现实来实现愿望，但他并没有坚持这个方向。如果他坚持下去了，那么他肯定会得出这个结论：虽然有些类型的幻想是在逃避现实，但其他类型的幻想却预示着新方式的出现，能更有效地适应外部世界的现实。

已经有充分的生物学理由可以让我们接受这样一个事实：人就是如此构造，拥有一个内心想象世界，它与外部现实世界相联系，但也存在差异。正是二者之间的差异激发了创造性的想象。那些意识到自身创造潜力的人总是在不断搭建内外世界之间的桥梁。他们赋予外部世界意义，是因为他们既不否认世界的客观性，也不否认自己的主观性。

我们观察孩子玩耍时，很容易就能看到内在世界和外部世界的相互作用。孩子用的是外部世界的实物，却给这些实物赋予内心想象世界的意义。这个过程在孩子生命早期就已经开始了。许多婴儿对特定客体会产生强烈的依恋。唐纳德·温尼科特在其论文《过渡性客体与过渡性现象》(*Transitional Objects and Transitional Phenomena*)[7] 中进行了论述，他是第一个注意到这种依恋重要性的精神分析师。这些现象与独立的开始和独处的能力密切相关。

温尼科特认为，婴儿首次表现出对外部客体依恋的年龄各不相同，最早可能是四个月大的时候。婴儿最初把自己的拇指或小拳头当作奶嘴，之后可能会换成毯子、纸巾或手帕，后来可能是某条特定的毯子或羽绒被，再后来某个洋娃娃或泰迪熊可能对孩子来说至关重要，尤其是在睡觉的时候。这个客体成为他们防御焦虑的武器；橡皮奶嘴某种程度上成了母亲乳房的替代物，或者代替母亲成为稳定的依恋对象。也许婴儿与这些客体几乎无法分离，有时这些客体甚至比母亲本人还要重要。

温尼科特称这些客体具有“过渡性”，因为他认为这些客体代表了孩子从依恋母亲到依恋后来的“客体”（也就是孩子以后去爱和依赖的那些人）的中间阶段。温尼科特认为这些客体在内心想象世界和外部世界之间建立了连接。毯子、洋娃娃或泰迪熊显然都是真实的物体，是独立于孩子的实体存在；但与此同时，它们被倾注了大量属于孩子内心世界的主观情感。这种内在与外部相互调和的过程，我们或许可以看作孩子的第一个创造性行为。

温尼科特提出了一个重要观点，即过渡性客体的使用不是病态的。虽然这些客体提供了安全感和慰藉，因此可以说是母亲的替代品，但是当孩子还未曾充分体味母爱时，这些客体便算不上是过渡性客体，因为只有当婴儿具备能力，能够为客体赋予爱和支持的品质，过渡性客体才得以成立。为了具备这样的能力，婴儿必须体验过切实的支持和关爱。只有当母亲被内化为好的客体，至少是部分好的客体，这些品质才能投射到过渡性客体。因此，发展对过渡性客体的依恋这种能力是健康的标志，而不是匮乏的标志，正如独处能力是内在安全感的体现，而不是性格孤僻的体现。有个观察可以支撑这一观点：福利机构成长起来的孩子形成人类依恋的能力可能有所受损，他们就很少会对毛绒玩具产生依恋。[8]

此外，安全依恋型婴儿后来对环境中的玩具和其他客体表现出了最大的兴趣。正如前文提到的，独立地探索和调查是安全依恋型婴儿的特征，而焦虑地依附于母亲这一特质通常都会出现在非安全依恋型婴儿身上。

使用过渡性客体表明了想象力的积极作用在生命早期就开始了。在引言中，我们提出了人性中两种相反的心理动力：亲近他人的动力和独立自主、自给自足的动力。难道发展出过渡性客体不是第二种动力的首次体现吗？因为使用这些客体意味着，幼儿至少可以暂时不需要母亲在场。因此，过渡性客体可能既与独处能力有关，也与想象力的发展有关。

这些客体的存在也印证了引言中的观点，即人类既需要个人关系和非个人关系。这种很早就表现出来的赋予客体意义的行为，证明了人类并非只为爱而生。为这些客体赋予的意义后来可能会被投入科学的研究对象上，或是投放在外部世界的方方面面，只要它能吸引人们关注。

随着孩子年龄的增长，过渡性客体会逐渐失去情感吸引力。通常这些客体会与其他各种客体相联系，并出现在玩耍的过程中。孩子们很爱把扫帚当马骑，把扶手椅当成一间房。再到后来年长些，这样自在的玩耍就会被幻想取代，这时便不再需要外部客体了，因为想象可以自行出现。

弗洛伊德把玩耍和幻想联系起来是对的，但他认为应该放弃玩耍和幻想，转而成全理性，这显然是错误的。前面提到过，那些意识到自己创造潜能的人总是在不断地构建内在世界和外部世界之间的联系，我所说的不仅仅是艺术作品的创作或科学假设的构建，而是温尼科特所说的“创造性统觉”（creative apperception），这个词真是恰到好处。创造性统觉需要建立主观与客观的联系；要用想象的温暖色调给外部世界着色。温尼科特这样写道：

创造性统觉比其他任何东西都更能让人觉得生命充满意义。[9]

创造性的生活似乎总会存在一抹玩乐的元素。当这种趣味元素消失，快乐也就随之消失，所有创新的灵感也会跟着不见。有创造力的人也会时常经历绝望的时刻，好像创新能力抛弃了他们一般。这通常是因为一件作品被赋予了过高的重要性，以至于无法再以玩乐的心态对待它。吉本称之为“作者的自负”，这种心态有时会让他们对自己的作品抱持极其严肃的态度，认为决不能“儿戏”。在描述那个帮助自己发现有机分子环状结构的梦境时，凯库勒说：“让我们都学着做梦吧，先生们。”他也可能曾这样说：“让我们学着玩耍吧。”

主观世界可能被过分强调，导致人的内心世界完全脱离现实。这种情况下，我们会说这人疯了。另外，正如温尼科特所提出的，人可能会压抑自己的内心世界，以至于过度顺从外部现实。如果一个人仅仅认为自己必须要去适应外部世界，而不认为能够通过外部世界使主体性得到满足，那么他的个性就会消失，他的生活就会变得琐碎，变得毫无意义。

内心幻想世界必须被视为人类生物遗传的一部分。一个人对外界适应得非常好并因此获得最高幸福度，他的想象力也是活跃的；但是，内在世界和外部世界之间的鸿沟宽窄及因此造成的搭建桥梁的难易程度，会因人不同而产生巨大差异。其中一些差异将在后面的章节中进行探讨。

Solitude
A Return to the Self

第6章

个体的意义

一个人至少得在孤独中审视过自己的人生，才能够展现自己的才智。

——托马斯·德·昆西

（Thomas De Quincey）

每个人的内心都有一个幻想的世界，而且表现方式千差万别。一个热衷于赛马或是在电视上观看足球比赛的人，虽然他可能创造不了什么，也产生不了什么，但他就是在任由幻想驰骋。兴趣爱好往往是对一个人个性的最佳诠释，也让他成为独一无二的自己。发现一个人真正的兴趣所在，也就是在通往理解他们的路上。有时候这些兴趣只有通过与他人互动才能实现，比如团队比赛；但这些兴趣往往能够反映一个人在独处或在交流互动极少的情况下会做什么。在英国，每个周末都能看到河岸和运河两旁坐满了垂钓者，他们彼此保持适当的距离，很少交谈。钓鱼本质上是一种孤独的运动，其间几乎不会有任何事发生，如此看来幻想必然要格外活跃了。园艺和许多其他兴趣爱好也是如此，那些基本物质需求得到满足的人会把闲暇时间花在这些兴趣上，有的明显具有“创造性”，有的看起来一般般。每个人都需要兴趣和人际关系，兴趣和人际关系对定义个性和赋予人生意义至关重要。

鲍尔比认为亲密依恋是一个人生活的中心，马里斯认为特定的关系体现了一个人生命里最重要的意义，二人的主张不仅忽略了可能至关重要的兴趣，而且忽略了许多人对某些体制、宗教、哲学或意识形态的需求，这些东西也给人们带来了生活意义。

在一篇关于“治疗的概念”的文章中我提出，分析过程中有两个主要因素可以促进神经性痛苦的疗愈。

第一个因素是，患者形成某种思维体系，这套体系或许能够帮他理解这种神经性痛苦。第二个因素是，与他人建立富有成效的关系。[1]

这两种因素都会影响我们的生活，有些人更倾向于在人际关系中寻找生命的意义，有些人则倾向于在兴趣、信仰或思维模式中探寻。

对具有创造力天赋的人来说，个人关系再重要，往往也不及他努力付出的特定领域重要。相比人际关系，他的人生意义更多是由工作成就的。如果他成功了，那么公众会同意这一观点。虽然大多数人会对伟大的原创者们的私生活感兴趣，但我们通常会认为他们的创作成就远比他们的人际关系重要。假如他们没能善待自己的配偶、爱人或朋友，我们对他们可能也会比对普通人要宽容。瓦格纳是出了名的行径恶劣者，可是和他那些宏大而独创的作品相比，他在感情婚姻和经济生活方面的不端行为却显得微不足道了。奥古斯特·斯特林堡（August Strindberg）对他的三任妻子和以前的很多老朋友态度都极为恶劣；但他却能把对争吵的嗜好表达在《父亲》（*The Father*）和《朱丽小姐》（*Miss Julie*）这样精彩的剧作里，这让我们甚至都要忘记他是一个恶毒之人。

精神分析学家一生都在倾听人们在亲密关系中遇到的各种问题。值得注意的是，20 世纪最具独创性的两位精神分析学家在撰写自传时，几乎都没有花什么篇幅来描写自己的妻子和家人，或者说除了他们各自思想的发展之外，几乎没有其他内容。弗洛伊德的《自传研究》（*An Autobiographical Study*）和荣格的《回忆・梦・思考》（*Memories*, *Dreams*, *Reflections*）对作者与他人的关系都闭口不谈。或许我们应该赞扬他们的谨慎小心，理解他们想要保护隐私的心情，但或许我们还可以得出这一合理结论，那就是亲笔自传证明了他们的核心关注之所在。

诚然，许多富有创造力的人无法建立成熟的人际关系，有些人甚至极度孤立。而且在某些情况下，早期分离或丧亲的创伤会引导具有创造潜力的人发展出自我人格，能在相对孤独的环境中获得满足。但这并不意味着对孤独或创造性的追求本身是病态的。即使是拥有最幸福关系的人，也需要人际关系之外的其他东西来获得完整的满足感。

人类想象力的发展使他们能够将客体以及主体作为自我发展的主要手段和实现自我的主要途径。伟大的原创者们为我们展示了人类某一方面的潜能，这种潜能可以在每个人身上找到，尽管在大多数人身上只是萌芽初显。虽然我们可能会很努力地去做，但每个人对各自潜能的发展并不是均等的；相较于人际关系的培养，很多富有创造力的人似乎会更加仔细地培养自己的才能。

认为个人自我发展是一项重要的追求，这一观点在人类历史上算是比较新的；认为艺术是自我表达的载体或是实现自我发展之路，这一观点则更加新近。早在历史开端之际，艺术具有严格的功能属性；它是为群体而生的，不为艺术家个人所有。旧石器时代的艺术家在他们的窑洞墙壁上画动物，这不是艺术创作，不是在表达个人看待世界的方式，而是试图创造魔法，就像热尔曼・巴赞（Germain Bazin）所写的：

原始的艺术家是位魔术师，他的画具有魔法咒语的所有功效。

巴赞认为，早期的人类绘画和雕刻自然物体是为了“确保猎物繁衍不断，诱使猎物进入陷阱，或者得到猎物的力量以实现自己的目的”。[2] 赫伯特·里德（Herbert Read）称洞穴绘画展示了“人们想要通过施展魔法来‘实现’目标的渴望”。[3]

绘画使绘图师的感知更加敏锐；这个想法倍受约翰·罗斯金（John Ruskin）推崇，他认为艺术家只有尝试用图形和颜色来捕捉外部世界，才能学会理解它。以早期人类为例，我可以确信，他把潜在猎物画得越准确，就说明他对自己笔下的动物越“了解”。了解得越多，就越有可能成功狩猎。

就像巴赞说的，如果给事物命名是第一个创造性行为，那么绘画可能就是第二个。绘画可与概念成型相媲美。绘画能让绘图师尝试把图像和他感兴趣的实物分离开来，如此便让他产生了对该实物的一种掌控感。信仰图像的力量可能正是埃及雕塑家制作逝者雕像的原因。他们认为雕像是人死后得以留存的保证。巴赞告诉我们，在尼罗河流域，“雕塑家被称为‘让生命延续的人’”。[4]

今天，人类学家研究其他文化的艺术时，会将它们描述为社会性艺术。著名人类学家雷蒙德·弗思（Raymond Firth）这样说道：

原始的艺术家和大众基本有着相同的价值观……与西方社会的普遍情况相反，艺术家并没有脱离大众。[5]

大多数工业化以前的社会好像没有具体的词来指代“艺术”，

当然人们对一些特定的艺术活动会用相应的词语表示，如唱歌或雕刻。随着西方文明的发展，人们不再那么信仰图像的神奇力量了，但绘画和雕塑还是继续服务于公共利益，而非个人利益。艺术家只是工匠，他们不需要做原创，只需要执行赞助人的命令。他们的主要任务是提醒信徒遵守基督教的信条，这些信徒通常都是文盲；为了达到这个目的，他们在教堂的墙上绘出基督和圣徒生活的场景。中世纪的艺术家是从社会底层招募的。因为绘画和雕塑涉及体力劳动，所以人们认为这种视觉上的艺术低于文学和理论科学。直到大约公元 13 世纪中叶，才开始记录画家个人的名字。

此外，即使艺术家为某个特定人物画像，人们也会认为人物的个性没有他在社会中的地位或职位重要。科林・莫里斯（Colin Morris）写道：

从一开始我们就得承认，对于公元 1200 年以前的任何一幅肖像画，我们都不可能确定它属于我们所认为的个人研究。[6]

雅各布・布克哈特（Jacob Burckhardt）认为，在欧洲，个体意识首先是从意大利发展起来的。

在中世纪，人类意识的两方面——内心自省和外界观察都一样——一直是在一层共同的纱幕之下，处于睡眠或者半醒状态。这层纱幕是由信仰、幻想和幼稚的偏见织成的，透过它向外看，世界和历史都罩上了一层奇怪的色彩。人类只是作为一个种族、民族、党派、家族或社团的一员——只是通过某些一般的范畴，而意识到自己。在意大利，这层纱幕最先烟消云散；对于国家和这个世界上的一切事物做“客观”的处理成为可能。同时，“主

观”方面的重要性也得到了相应强调；人成了精神上的“个体”，并且也这样来认识自己。[7,㊀]

在自画像变得普遍之前，可以识别到个人的具象肖像艺术得到了高度发展。英国诗人彼得·阿布兹（Peter Abbs）在《西方文化中自传的发展》（*The Development of Autobiography in Western Culture*）这篇论文中指出，文艺复兴时期的艺术家经常遵循惯例，将自己融入受托所画的人物中，或者将自己作为圣徒或其他圣人的原型来绘制。但通过自画像来进行自我探索或大胆展示真实内心，直到15世纪末才开始发展，在17世纪伦勃朗（Rembrandt）创作的自画像系列中达到顶峰。

音乐一开始也是服务于公共目的。美国生物学家爱德华·威尔逊（Edward Wilson）认为，鸟鸣具有向同一物种的其他成员传递信息的功能，同样，人类音乐最初也促进了人类部落的发展。“唱歌和跳舞有助于将群体聚集在一起，引导人们的情绪，让他们为联合行动做好准备。”[8]

雷蒙德·弗思写道，在他所研究的群体中：

一般来说，即使是歌曲也不会只是为了愉悦而创作。歌曲的作用包括，作为葬礼的挽歌，作为舞蹈的伴奏，或是唱给爱人的小夜曲。[9]

他可能还会加上一句，节奏能够协调肌肉运动，减轻体力劳动的负担，还能延缓疲劳。我们自己的西方音乐是教会的遗产。必须记住，几个世纪以来，教堂一直是每个城镇和村庄的中心集

㊀ 摘自《意大利文艺复兴时期的文化》。——译者注

会场所。音乐的功能是集体的：它作为礼拜仪式的一部分，用于唤起群体情感。

工业化社会以前几乎没有“人作为独立实体存在”的这种概念。一位尼日利亚的精神病学家告诉我，最初在尼日利亚的一个农村地区开设精神病诊所用来治疗精神病患者时，患者的家人无不陪伴左右，患者和精神病医生谈话时，他们也坚持要求在场。对于彼时仍过着传统乡村生活的尼日利亚人来说，他们不会觉得患者可能作为个体独立于家庭之外，也不会认为他可能有一些个人问题并不想和家人分享。英国社会人类学家埃德蒙·利奇（Edmund Leach）爵士在其著作《社会人类学》（*Social Anthropology*）中提道：

个人主义是当代西方社会的核心特质，但这一特质在社会人类学家所研究的大多数社会中却明显缺失。[10]

宗教改革加速了个人主义的发展，后来又促进了艺术家现代观念的发展。虽然马丁·路德·金（Martin Luther King）是一个抨击财富和奢侈的禁欲主义者，但他也是一个宣扬个人良知至上的个人主义者。一直到 16 世纪，人类制度和活动的最终标准不仅遵从宗教，而且是由普遍的西方教会颁布的。正如理查德·亨利·托尼（Richard Henry Tawney）在《宗教与资本主义的兴起》（*Religion and the Rise of Capitalism*）中所做的有力陈述，尽管人们经常表现出个人的贪婪和野心，但对于个人“应该”如何行为，人们有一个普遍认同的概念。任何人只要遵守法律，就可以最大限度地追求个人经济目的，这一想法对中世纪的思想来说格格不入，后者认为减少贫困是一种义务，但积累私人财富是对灵魂的威胁。

宗教改革使加尔文主义的发展和新教伦理的建立成为可能。不久，贫穷被视为对懒惰或无能的惩罚，财富的积累则是对勤俭美德的奖励。

后来埃米尔·涂尔干（Émile Durkheim）指出，个人主义的发展也与劳动分工有关。随着社会体系越加庞大而复杂，职业专门化的发展导致个人之间的差异越来越大。城市的发展使社会关系更加松散、亲密度更低；此外，个体从小型社会的亲密关系中解放出来获得个人自由的同时，也会更加容易受到社会失范的影响，即不再遵守任何传统规范而导致的异化。

在我前面提到的论文中，阿布兹指出，根据《牛津英语词典》记录，直到 1674 年，“自我”（self）一词才具有了现代意义，即“拥有连续而多样的意识状态的永久主体”。他接着列举了一些由“自我”组合而成的复合词，这些词几乎在同一时期产生。

自我满足（self-sufficient，1598）、自我认知（self-knowledge，1613）、自我创造（self-made，1615）、利己主义者（self-seeker，1632）、自私（selfish，1640）、自我反省（self-examination，1647）、自我（selfhood，1649）、自知（self-knowing，1667）、自我欺骗（self-deception，1677）、自我决定（self-determination，1683）、自我意识（self-conscious，1687）。[11]

阿布兹还指出，“个体”（individual）一词最初表示“不可分割”的意思，比如可以用于表示三位一体或已婚夫妇，意思是“不可分离”。阿布兹写道：

“个体”一词的意义逐渐颠倒，从不可分割到可以分割，从全体整体到独特独立，词义内部的悄然转换承载着自我意识的历史发展，证明了这种复杂的动态变化——人与其所属世界被分割开来，从而具有了自我意识和自我认知；以及在文艺复兴时期，人们的感觉结构从一种与世界的无意识融合转变为有意识的个性化状态。[12]

无论是画家、雕塑家还是音乐家、小说家，如果他们的职能就是展现传统智慧、服务于社会，那么在这样的社会里，艺术家的技能确实得到了重视，但他们的个性却被忽略了。如今，我们要求艺术家表现出自己的独创性，还要求他的创作具有个人特性的明显印记。我们会对提香（Titian）的真迹充满敬意；但如果某位艺术史学家告诉我们，它只是一个复制品，那么无论多么精美，我们可能都不会多看一眼。艺术作品的商业价值取决于验证过后的真实性，而不取决于其内在价值。艺术已经成为一种个人表达，对于艺术家自己来说，艺术是追求自我实现的一种方式。

自传是由忏悔发展而来的。圣奥古斯丁（St Augustine）在他的《忏悔录》（*Confessions*）中提供了范例。然而，“自传”这个词直到很久以后才出现。1809 年英国诗人罗伯特·骚塞（Robert Southey）的引用是《牛津英语词典》记录的、对该词的首次使用。几个世纪以来，自传从叙述灵魂与上帝之间的关系转变为一种更像是精神分析的活动。从叙述童年时期自己的生活情况开始，自传作者试图借此来界定塑造他性格的各种影响，描绘对他影响最大的人际关系，揭示促使他前进的动机。换言之，自传作者是在尝试就自己的生活展开连贯叙事，并希望在这一过程中发现人生的意义。

现代精神分析学家采用的方式大体与此相同，想要借此对患者的人生故事进行融会理解。正如我之前所说，这是治疗尝试的一个重要方面。精神分析不一定能成功消除人的神经症状或改变人格的基本结构；但是，不管是什么事业，只要保证能够理解人们生活中的各种混乱，就能凭此对人们继续产生吸引力。

自传这一文学体裁现在非常流行，以至于那些对此没什么兴趣且并无特点的人也觉得有必要记录他们的人生故事。或许是这样，当一个人觉得自己融入家庭和社会关系的程度越低，他就越觉得自己必须用个人方式获得成功。独创性意味着敢于超越公认的标准，有时还会招致同辈的误解或排斥。那些不太依赖他人或与他人关系不太密切的人会发现忽视传统更容易。原始社会很难允许个人决定或各种意见出现。当维护群体团结成为首要考虑时，创意可能会被扼杀。布鲁诺·贝特尔海姆研究过在基布兹长大的以色列青少年。他发现，高度重视群体的共同感受不利于创造力的发展。

我相信，对他们来说，几乎不可能持有异于群体的深刻的个人观点，也不可能撰写一篇创造性的文章来表达自己——不仅是因为情感的压制，还因为这样做会摧毁自我。如果一个人的自我即是群体自我，那么将个人自我与群体自我对立将会是一种破灭性的体验。当群体自我成为个人自我中最强大的一个方面，如果群体自我丧失，那么个人自我亦将无力自支。[13]

一本关于如何抚养孩子的手册在苏联广为流传，该手册强调了培养幼儿服从的必要性，因为这“为培养最宝贵的品质提供了基础：自律”。该手册的作者接着问道：

如何培养儿童的独立性呢？我们会回答：如果一个孩子不服从，不考虑他人，那么他的独立性必然会以丑陋的形式出现。[14]

所谓的“贫困文化”包括住宿拥挤、被迫合群和缺乏隐私等特征。虽然缺乏教育等许多其他因素可能在起作用，但这种集体生活可能也是贫穷群体没有作家为其发声的原因之一。作家主要来自中产阶级，他们比较容易获得隐私，对朋友和邻居之间的团结也不那么严格要求。

不只是那些富有创造力的人不能完全同意鲍尔比的观点，即对他人的亲密依恋始终是人们生活的中心，一些信仰宗教的人，对人际关系也有自己的看法。修道运动的发起人是那些退隐埃及沙漠的隐士，他们的完美理想只有通过出离世界、禁欲修炼、孤独冥想和严格自律才能实现。人们很早就认识到，并非每个人都能忍受这种隐士生活，于是出现了“群体修道”（coenobitic）的传统，修道士不再独自生活，而是在群体生活中共同献身于上帝。亲密依恋或是对这种依恋的渴望在修道院内并不陌生，但它们被视为干扰而被坚决克制。

虽然学习不是修道生活的必要特征，但修道院的图书馆保留了过去的学习传统，由此吸引那些对学术感兴趣的修道士。12 ～ 13 世纪，修道院引领了一场知识复兴，在历史和传记方面都表现卓越。[15] 也许修道戒律和亲密关系的缺失不仅促进了人与上帝的关系，还促进了学术的发展。

将所有认为和上帝的关系优先于同伴关系的人视作不正常或神经病，我认为这是非常错误的。有的人选择修道或独身生活确实是因为一些“问题”：比如他们的人际关系失败了，比如他们不喜欢承担责任，比如他们想要一个安全的避风港。但并非所有人都是如此；即便真是如此，也并不代表与他人的亲密关系占比很小的生活一定就是不完整或低劣的。

宗教人士可能会说，现代的精神分析学家将亲密关系过于理想化了，人的本性决定了人际关系必然不完美，鼓励人们以这种方式寻求完全满足实则弊大于利。正如我在引言中所说的，西方国家离婚率的上升不仅是因为将基督教标准应用于婚姻的人在减少，还因为人们受到鼓励，相信有机会找到“对”的人和理想的关系。

很多幸运的人确实收获了白头到老的亲密关系，这成为他们幸福的主要来源。但即使是最亲密的关系也注定会有缺陷和弱点，因为人们往往不接受这一点，所以他们就会更加不快乐，而且更容易抛弃彼此。如果人们都能接受不存在理想关系这一事实，那么他们就会更容易理解为什么人会需要其他方面的满足。如我们所见，许多创造性活动主要是独立完成的。这些活动关注的是孤独中的自我实现和自我发展，或者是寻找人生的某种连贯模式。这些创造性活动在个人生活中的优先程度因个性和才能而异。每个人都需要一些人际关系，但每个人同样需要某种满足感，这种满足感只与自己有关。对于那些热衷于追求对自己来说是重要兴趣的人，假如他们有朋友或相识的人，那么即使没有任何亲密关系，他们也可以获得幸福。

Solitude

A Return to the Self

第7章

孤独与性情

内向与外向显然是两种截然相反且与生俱来的态度与趋向，歌德曾将它们比作心脏的舒张与收缩。

——卡尔·荣格

大多数精神病学家和心理学家都同意，人类的性情存在差异，而且这种差异很大程度上是天生的，不管童年的环境以及后来人生道路上发生的事会在多大程度上助长或抑制这种差异。想想人们对孤独的反应，就会发现这一点特别正确。至少，我们都需要睡眠的孤独；但是在清醒的时候，人们对与人际关系相关的经历和对独处经历的重视程度会有显著差异。

荣格在 1921 年首次出版的《心理类型》（*Psychological Types*）一书中引入了外向（extrovert）和内向（introvert）两个术语。1913 年与弗洛伊德决裂后，荣格经历了一段漫长的心理剧变，这种剧变非常强烈，他甚至称自己“受到精神病的威胁”。[1] 他在自传里对此做了生动描述。在接下来的八年时间里，他几乎没有发表任何文章，因为他主要专注于记录和解释那些源源不断的幻觉、梦境和幻想，这些威胁随时可能压垮他的理性。不过，在经历这一混乱时期的过程中，荣格形成了自己独立的观点，这方面第一个成果便是《心理类型》。

荣格表示，当他试图理解西格蒙德・弗洛伊德和阿尔弗雷德・阿德勒（Alfred Adler）关于人性的不同解释时，他便开始对心理类型这一问题产生了兴趣。面对同样的心理素材，关于其起源和意义，不同的精神病学家怎么会给出如此不同的解释？荣格给出了一些颇具启发性的例子，说明了一些特定的案例为何会有不同观点的解释。他写道：

> 因为如果我们不带偏见地去审视这两种理论，我们就无法否认两者都包含重要的真理，尽管它们相互矛盾，但我们仍然不该将它们视为互斥……现在，这两种理论在很大程度上都是正确的——也就是说，它们似乎都能对素材进行解释——那么神经症必然有两个相反的方面，一方面在弗洛伊德的掌握之中，另一方面则在阿德勒的手里。可是为什么每个研究者都只看到一个方面，他们又为什么都觉得自己手握唯一有效的观点呢？[2]

荣格得出结论，根本的区别在于两位研究者看待主客体关系的方式。在荣格看来，弗洛伊德认为主体依赖于意义重大的客体，并在很大程度上受其影响，尤其是受到父母和幼儿时期的重要影响。因此，患者在客体关系方面遇到的困难遵循了生命初始的几年里建立起来的模式。这些会在移情分析中再次呈现，正如我们在第 1 章中所说的，移情已经成为不同学派的分析师们关注的焦点。

根据荣格的观点，阿德勒认为主体必须保护自己免受重要客体的不当影响。

> 阿德勒看到，一个感到压抑和自卑的主体如何通过“抗议”“调整”和其他适当的手段来获得虚幻的优越感，这些手段又被用于针对家长、教师、法规、当局以及各种情况和体系等。甚至性行为也可能成为手段。这种观点过分强调了主体，而在主体面前，客体的特质和意义就完全消失了。[3]

荣格接着说道：

> 诚然，两位研究者都看到了主体与客体的关系，但二者的视角是多么不同啊！阿德勒把重点放在了主体身上，无论客体是什么，主体都会寻求自己的安全感和优越感，而弗洛伊德的重点则完全在于客体，客体具体特征的不同决定了其促进或阻碍主体对快乐的渴望。[4]

当然，用这种方式对弗洛伊德和阿德勒进行分类肯定会有反对意见，这里暂不展开讨论。但荣格对二者的描述十分清晰：弗洛伊德的态度被称为“外向型”，他认为主体主要是在寻找和“趋向”客体；阿德勒则采取“内向型”态度，他认为主体主要是需要建立自主性和独立性，从而“远离”客体。

荣格认为外向和内向是两种生来就起作用的性情因素，并且在每个人身上都存在，只不过程度有所不同。毫无疑问，理想中的人身上的两种态度会以平衡的方式呈现，但事实上，往往是其中一种占主导。

根据荣格的理论，如果外向或内向有一方过度，就会导致神经症。极端外向会让人在外界人事的影响下失去自我。极端内向则可能因为过分关注内在而让人丧失与外部现实的联系。当这种极端情况发生时，一种无意识的机制就会开始尝试调节这种一边倒的态度。在这一点上，我们无须探讨荣格对性格类型的进一步细分；但我们将在后面的章节里再次提到他的这个观点，即心理是一种自我调节系统，因为这一观点与独立存在的个人的内在发展密切相关，因此也与本书的主题相契合。

其他观察者也提出了更新的分类方式，虽然他们可能强调不同的性格特征，但似乎还是与外向/内向二分法密切相关。

艺术史学家威廉·沃林格（Wilhelm Worringer）在1906年撰写了一篇博士论文，即后来著名的《抽象与移情》（*Abtraction and Empathy*）。它成为《心理类型》其中一章的主题，这篇文章本身仍值得一读。沃林格说，现代美学是以思考主体的行为为基础的。他写道：

> 审美享受是一种客观化了的自我享受。审美享受就是在一个与自我不同的感性对象中玩味自我本身，即把自我移入对象之中。[5]

但沃林格认为，移情的概念并不适用于漫长的艺术史，也不适用于所有类型的艺术。

> 这样的美学只是在人类艺术感知的某个要素上建立了阿基米德式的原则，这种美学只有与从相反的要素出发的思路相结合，才能成为一个包罗万象的美学体系。
>
> 作为这种对应要素，我们注意到了这样一种美学，这种美学并不是从人的移情冲动，而是从人的抽象冲动出发的。移情冲动是获得审美体验的前提条件，它是在有机的美中获得满足的，而抽象冲动是在非生命的无机的美中，在结晶质的美中获得满足的，一般地说，它是在抽象的合规律性和必然性中获得满足的。[6]

沃林格认为抽象源自焦虑，它是人类面对这个世界的一种尝试，在这个世界里，人类觉得自己被不可预测的自然力量所支配，于是试图创造秩序和规律。对自然的信任和恐惧是两个极端。沃林格认为，极端的移情会导致“在客体中迷失自我”——这种危险在前面说到过度外向时提到过。另外，几何形状代表了一种抽象的规律性，这在自然界是找不到的。沃林格这样说原始社会的人：

> 在几何抽象所具有的必然性和绝对性中，人们获得了平静。几何抽象就像是去除了对外界事物的所有依赖，同时去除了对思考主体的依赖，它是人类所能想到和获得的唯一绝对形式。[7]

所以，抽象与脱离潜在危险的客体有关，与安全有关，还与个人的完整性和力量感有关。抽象还是科学家在与自然的碰撞中所体验到的那种满足感。一个新的假设可能带来一个能够预测事件的定律，而假设源自被发现的各种规律，来源于科学家将自己和自己的主观感受与正在研究的现象分离开来的能力，当假设得到证明时，它会提高我们应对自然的力量。例如，最近的研究表明，测量火山附近的重力变化或许能提高我们预测火山喷发的能力，而火山喷发仍然是威胁人类生命的最猛烈、最不可预测的自然事件之一。

因此，抽象与自我保护有关；从阿德勒的理论来看，内向者需要与客体保持距离，还要保持独立，并在可能的情况下实现控制。

这两种人性态度或者说人性的两极也反映在英国社会心理学家利亚姆·哈德森（Liam Hudson）的分类中，他将人分为“发散者”（divergers）和“收敛者”（convergers）。哈德森对聪明的男学生的学科偏好产生了兴趣：他们主要是被文科吸引还是被理科吸引。他发现，这些偏好与许多其他的性格特征有关，这点倒是支持了科学家和艺术家是不同类型的人这一流行观点。

收敛者倾向于专攻“硬”科学，也可能专攻经典科学，他们在传统智力测试中表现最佳，这种测试一个问题只有一个正确答案。他们不太擅长“开放式”测试，这种测试一个问题可能有多种答案。在业余时间，收敛者有研究机械或者技术类爱好，对别人的生活不太感兴趣。他们对权威持传统态度，情感方面比较拘谨，很少回忆自己的梦境。

相反，发散者会选择艺术或生物作为首选科目。他们不太擅长传统的智力测试，更擅长需要创造性幻想的开放式测试。他们在业余时间喜欢与人来往，而不是与事物打交道。他们对权威持非传统态度，情感开放，经常回忆梦境。

现代心理学教科书中定义的那些旨在测量外向性和内向性的测试并不一定能像人们所期望的那样，显示出外向性和发散性、内向性和收敛性之间紧密的对应关系，但这里我们其实只关心一个主要问题：主客体的关系。发散者和外向者一样，似乎很容易与他人产生共鸣，并对他人敞开心扉。收敛者和内向者似乎会对其他人避而远之，面对无生命的物体或抽象概念会比面对人更自在。这是对极端情况的一种概括。没有人是完全收敛的，也没有人是完全发散的；不过这些态度似乎确实在生命早期就表现出来了，而且非常持久。

著名教育心理学家霍华德·加德纳（Howard Gardner）在其研究儿童绘画意义的书中提出了另一种二分法，与我们刚才所述观点高度呼应。他发现有两种类型的孩子，分别将他们称为“模式人”（patterners）和“故事人”（dramatists）。书中指出这两个群体具有同等的智力和魅力，但“他们对待日常经历表现出了显著不同的方式”。这些差异从三岁半起就能够发觉；孩子差不多是从这个时候开始第一次将绘画行为与他对周围世界的实际感知联系起来，而不再是根据主观情绪简单地乱涂乱画。加德纳写道：

> 一方面，我们遇到了这样一群小朋友，我们称他们为“模式人”。这些小朋友大多根据他们所能辨别的形态、遇到的模式和规律，特别是物体的物理属性——颜色、大小、形状等来分析世界。这些模式人兴高采烈地将积木堆积起来，不停地在桌子上或画本上尝试各种形状，不断地将物体相互匹配，搭配成对或三个一组等；但他们很少花时间重演游戏里熟悉的场景，也很少参与社交对话（虽然他们肯定明白别人说的话）。
>
> 另一方面，与这些小孩子形成鲜明对比的是我们戏称为“故事人”的小朋友。这些孩子对周围发生的事情的结构，也就是发生在人身上的行为、冒险、冲突和矛盾非常感兴趣；那些扣人心弦的奇妙故事，他们会要求你反复讲给他们听。模式人热衷于绘画、黏土建模和数值数组排列这类活动，而故事人更喜欢玩扮演游戏、讲故事，喜欢和大人还有同伴持续对话和交流。对他们来说，生活的主要乐趣之一就是与他人保持联系，体验人际关系的精彩绝伦。另一边，我们的模式人却好像几乎摒弃了社会关系的部分，宁愿沉浸（也可能是迷失）在（通常是视觉的）模式的世界中。[8]

尽管加德纳本人并没有使用这些术语，但我认为很明显，模式人可以被描述为以内向为主，或者是潜在的收敛者，而故事人大多性格外向，可能是潜在的发散者。此外，不太关心甚至回避人的模式人，在专注于寻找或施加秩序方面与收敛者相似。故事人则更关心人和讲故事，这一点类似于发散者。

人们难免会猜测，如果这些孩子中的任何一个将来表现出创作潜力，那么故事人将成为小说家、诗人或剧作家，而模式人将倾向于研究科学或哲学。只有对这两类儿童的发展成长进行长年的跟踪研究，才能证实或推翻这一猜测。我们甚至不确定这些态度是否会像表现出来的那样具有持久性。也许一开始是模式人，后来却形成更多故事人的特征，反之亦然。

我们要认识到的是，加德纳的观察结果进一步表明，像现在这样强调人际关系是心理健康的主要决定因素可能是错误的。根据加德纳的描述，没有任何理由假设那些更加内向的孩子，也就是那些主要关注结构模式而非关注人的孩子，他们是神经质或不正常的；利亚姆·哈德森的收敛者也是如此。也许，不让自己过度参与人际交往的能力以及使自己的生活模式连贯一致的能力，也是实现心灵平静和保持心理健康的重要因素。

在前一章中我们提到了促进一个人神经症疗愈的两个因素：第一，形成某种思维模式或体系，这套体系或许能够帮他理解这种神经性痛苦；第二，与他人建立富有成效的关系。

当然，理解一个人经历的需要并不仅限于缓解神经性痛苦，它还是人类作为一个物种去适应的重要部分。智力、意识的发展以及从本能模式的支配中部分解放出来，这些让人成为一种反思性动物，让他觉得自己需要解释外部现实世界和内部想象世界，并为其带来秩序。精神分析学如此强调移情分析的作用，主要因为移情分析是不同精神分析学派的共同元素。理解患者经历的重要性被低估，部分是因为不同的分析师看待同一经历的方式可能会有巨大差异。

最后，人必须了解自己的生活，不管来自导师的指导多有影响力。总结得到的模式无论用什么方式得到证明，也不一定就百分之百“正确”，虽然的确可以说有些观点比其他观点更接近客观上已知的世界。但是，上述需要始终存在；也许它在内向者、收敛者和模式人的心理状态上表现得比外向者、发散者和故事人的要明显，而这并不意味着两种类型群体中的某一方完全没有需要。即使是最内向的人也需要一些人际关系；即使是最外向的人也需要一些生活模式和秩序。

人与人之间的性情差异可能主要是由基因决定的，但是在个体发展过程中自然也会受到各种环境因素的影响。到目前为止，我们一直都在讨论各种“正常”的性格，而神经质人格和精神病人格只不过是正常人格倾向的过度化。在撰写本书的当下，人们普遍认为高度内向的人比高度外向的人更显病态。这是因为当下客体关系受到了重视，且孤独的过程被忽视了。然而，外向型和内向型同两种不同类型的人格之间存在着联系，这两种人格可以被列为病理性人格，并且可能存在不同的紊乱程度，从轻微的暴躁到精神病都有可能。我将把这两种人格称为“抑郁”（depressive）和“精神分裂”（schizoid）。所有这样的人格分类都是不充分的，因为它们无法做到公正地对待人类无限的多样性。但是，如果我们试图理解不同类型的人体验世界的不同方式，就必须用各种分类作为指导。有一点跟我们目前关注的方向特别相关，那就是这两类人都特别需要独处，尽管原因不同。

我们在第 2 章讨论了独处的能力。“需要”独处不同于“能够”独处，后者意味着，有时候其他人会对独处构成阻碍、干扰或威胁。

乍一看，说外向者需要独处可能显得有些奇怪，因为外向者被定义为直率、善于社交的人，他们整个生活方式的特点就在于自信的人际关系。然而正如我们之前所提到的，外向者可能会因为过度参与或迷失于客体，而远离了自己的主观需求。抑郁的外向者尤其会这样，但这也是我们大多数人会经历的一部分。

西方文化下的大多数人都经历过一些让人筋疲力尽的社交场合，他们对回归清净求之不得，想要重新恢复“做自己”。如果社会要顺利运转，就必然会有不得不伪装的场合；累得够呛还得热情款款；表面笑脸相迎，内心唉声叹气；或者各种方式装模作样。这种伪装着实让人心累。

维多利亚时代的淑女小姐会在下午定时稍事“休息”。她们之所以需要这样做，是因为传统要求她们时刻对别人的需求保持高度警觉，不去在意自己的任何需要。下午的休息可以让她们从尽职尽责的倾听者和贴心照料的家庭天使[⊖]这些社会角色中恢复过来；这些角色根本不允许她们有自我表达。就连弗洛伦斯·南丁格尔（Florence Nightingale）这种绝非只是家庭天使的女性也发现，她之所以能够学习和写作，唯一的方式就是患上神经性疾病，从而摆脱家务负担，使她能够回到自己的卧室，自己独处。

社交伪装是基于顺从的虚假自我在做刻意的临时装扮，温尼科特说过这一点，本书第 2 章中也有相关讨论。温尼科特关注过那些从小就习惯戴着面具生活的患者；他们已经失去了与内心真情实感的联系，因此他们不知道自己的生活是不真实的。但

⊖ 维多利亚时期有大量关于理想妻子的文学作品供女性阅读效仿。考文垂·帕特莫尔（Coventry Patmore）在 1854 年发表了一首极其流行的诗——《家里的天使》（*The Angel in the House*），诗中描绘了极具耐心、牺牲自我的理想妻子。——译者注

是举止得体的成年人大多认为在某些社交场合，他们需要比平时更顺从，他们也很清楚自己所呈现的表面形象并不能反映他们的真实感受。一个人在公众面前的形象和他私下里的表现总会有些出入。

人们当众能够表现出真实自我的程度还是有很大差别的。有些人似乎很小的时候就能够在比较陌生的人面前表达自己的感受，而不必担心被拒绝、反对或反驳，或者被弄得感觉自己很愚蠢，这真让人羡慕。这种安全感似乎源自温尼科特所描述的那些重复的经历：婴儿时期能够在母亲在场的情况下做到独处而不焦虑；进入童年时期后，又感受到了被爱和被无条件接纳。

有些人却发现，即使在自己的配偶、恋人或最亲密的朋友和亲戚面前，他们也很难真实地做自己。这些人虽然不至于有意识地构建一个虚假自我来完全取代真实自我，但他们会特别需要独处，这种需求度超越了上文提到的对孤独的偶尔需求。有一种可能看似合理但尚未被证实的观点，那就是这种成年后对独处的特殊需要源自儿时早期经历的不安全依恋，或者是被它强化了。孩子如果在婴儿时期未能与依恋对象建立安全的信任关系，结果可能会以各种方式反馈到父母以及后来的其他人；但我认为这些方式的变体都是基于两个基本主题，第一个是安抚（placation），第二个是回避（avoidance）。我会试着证明安抚与抑郁人格的形成有关，而回避与精神分裂人格有关。

我们目前还不能确定决定婴儿是否为安全型依恋的所有因素。如第 1 章所述，依恋的质量和强度因人而异。可以肯定的是，虽然不安全型依恋有时是因为母亲的不当处理、不够关爱或被母亲拒绝形成的，但也不能全都归咎于母亲。因为基因上的不同，有些孩子也许本就无法形成安全型依恋的纽带，无论得到多少关爱也无济于事。一些后来被定义为“孤独症”的儿童就是如此。

有一种常见的亲子互动模式会导致不安全感和过度顺从。一个没有受过冷落或任何虐待的孩子长大后仍然可能觉得父母对他的爱是有条件的。这样的孩子会认为父母对他的爱持续与否以及他自身的安全感，并不取决于是否成为真实的自己，而是取决于是否成为父母所要求的样子。让孩子产生这种想法的父母往往会非常关心孩子的幸福，但又容易对孩子提出超乎正常的高标准“严”要求，让孩子以为自己的本能冲动和自发反应是错误的。极端情况下，孩子还会形成基于父母认同的虚假自我，并对真实自我进行全面压制。当情况没那么极端时，孩子会在他人面前表现出虚假自我，而真实的自我只会在他独自一人的时候出现。这也是人们对独处有特殊需要的原因之一。

表现出这种部分顺从的孩子显然不会生出自我的内在价值感，而确信父母对他们的爱将无条件持续下去的孩子，他们的内心就会有这种价值感。相信自己作为一个独特个体而具有价值和意义，这是每个人都能拥有的最为宝贵的财富之一。无论遗传因素是否会影响这种自信的发展，父母所给予的爱的质量高低肯定会起到促进或阻碍的作用。

认为自己必须顺从，乃至要部分否认或压抑真实本性的孩子，必然会需要依赖外部寄托来维持自尊。这样的孩子长大成人以后，也会继续认为自己必须成功、必须优秀或必须得到所有人的认可，只有这样才能保留自己的价值观。而这必然也会让他格外容易受到每个人必然会经历的生活逆境的影响：考试失败或求职竞争失败；被现有的或正在追求的爱人拒绝；丧亲之痛或任何其他形式的丧失。这些不愉快会让我们暂时感到怨恨或低落，或两者兼有；但是，对于那些几乎或完全没有内在自尊的人来说，这可能会是致命打击，会让他们突然陷入严重的抑郁之中。

面对反对、失败或丧失，有的人会出现严重沮丧，看起来显然是“生病”状态，这样的人似乎缺乏内心能量，在面对不幸时无法向内心求助。一些危险在别人看来是挑战，却会引发他们彻底的绝望和无助。有些破产的商人会重整旗鼓再次创业，有的人却从 31 层高楼的窗户上一跳轻生。后者表现得好像生命根本没有第二次机会，好像他们的自尊完全系于目前从事的事业获得的成功，而不考虑过去发生的好事或未来的各种可能。好像他们过去赢得的所有爱戴或认可都毫无意义，好像他们内心毫无支撑，没有任何“内在”价值的感觉。

患者患有如此严重的抑郁症会被归为精神病范畴，他们经常抱怨自己感到“空虚”，觉得心里缺了些什么，这种空虚永远无法填满。这类言论往往会被轻易诊断为疑病性妄想，特别是伴有对器质性疾病的恐惧时。对患者的这些表达更为恰当的理解应该是把它们作为传递心理真实的隐喻。重度抑郁症患者“确实”缺乏一些抵抗力较强的人所拥有的东西，即对个人自我价值的内在感知。

像这样突然陷入严重抑郁的人早前被称为抑郁型人格。必须强调的是，这只是一个简略的说法，不包括所有潜在的抑郁类型，但这个词适用于表现出这种易患倾向的常见类型。

有这种性格或者患有这种精神疾病的人，通常对他人采取安抚的态度，因为他们无法承担反对的代价，或任何可能冒犯或招致反对的风险。因为赞同的代价就是服从，而这必然涉及一定程度的伪装，这种类型的人需要远离他人，让自己不再需要取悦他人，放心做自己。

顺从他人、自我“受虐”的姿态必然导致个体的攻击性被压制。这种类型的人如果无法在适当的情况下勇敢面对他人或坚持己见，就会压制自己的敌意。当他情绪低落时，他对别人的敌意就会转移，并以自责的形式针对自己。正如弗洛伊德在他的经典论文《哀伤与忧郁》(*Mourning and Melancholia*) 中所指出的，抑郁者对自己的指责通常可以解释为他想责备身边的人，但他不敢表达，因为他依赖于对方的爱，所以害怕与其发生对抗。[9]

这类人在精神治疗中占有相当大的比例。他们对精神治疗也反应良好。从胆小的性格中激发自信比从自负中诱导谦逊要来得容易。但必须强调的是，并非所有复发性抑郁症患者都属于上述类型。患有双相情感障碍的患者（也就是同时患有躁狂症以及抑郁症），和那些只患有复发性抑郁症的人相比，会少一些自我抑制、顺从和谦卑。

如果抑郁型人格的人具有某种天赋，那么他可能会发现表达真实自我的最佳方式是创作，而不是与他人互动。由于这种性格的人大多属于外向型，多是故事人而非模式人，多是发散者而非收敛者，因此他们的天赋很有可能会发展为小说、戏剧、诗歌、歌剧或其他主要与人相关的创造性活动，尽管涉及的人可能只是想象的产物。

有时会有人说，与作家相处让人很失望。这通常是因为作家的真实个性只会出现在作品里，而在日常的社会交往中隐藏了起来。不是所有作家都这样，只有表现出前面所说的那种性格的人才会如此。和其他艺术家一样，作家的性格也是千差万别，从巴尔扎克式的华丽到卡夫卡式的孤僻，不过抑郁的性格在作家当中格外常见。

第二类对独处表现出特别需要的人为内向型，当出现心理异常或明显病态时，则被归为“精神分裂”（schizoid）。早前有人提出，这种人格的发展可能与依恋理论学家称为“回避”的婴儿行为有关。这里需要再次强调，这种联系只是推测，就算通过研究得到了证实，我们也无法确定先天生成和后天教养对性格类型的决定程度。

在第 1 章中，我们谈到了鲍尔比关于幼儿与母亲分开后的行为研究。分开一段时间，当婴儿与母亲重聚时，婴儿会表现出回避行为，包括转移视线、背向母亲、远离接触。如果被母亲抱起来，婴儿可能会大叫、挣扎，直到母亲放下才会停止。或者婴儿可能不会挣扎或大叫，但会伸手去够房间里的某个东西，被母亲放下以后，婴儿会把注意力全部放在那个东西上，而不是关注母亲。这种回避行为通常只是暂时的，一段时间以后就会消失，时间长短一部分取决于分离的持续时间，另一部分取决于分离之前婴儿与母亲的关系。

但与母亲分离并不是引起回避行为的唯一情况。美国心理学家玛丽·梅因（Mary Main）和唐娜·韦斯顿（Donna R. Weston）认为，在婴儿出生后的头三个月内，如果母亲反感与婴儿的身体接触，那么婴儿一岁以内很可能会出现回避行为。如果母亲表现出愤怒或恐吓行为，也会使婴儿出现回避行为。

回避型婴儿的母亲嘲笑过自己的孩子，或者讽刺他们；有些母亲还会死盯着孩子，孩子都不敢与其对视。[10]

与对照组相比，那些更有甚者殴打婴儿的母亲会导致婴儿：

对同伴和照顾者的友好对待更加回避，更有可能攻击或威胁要攻击他们，更有可能对照顾者表现出不可预测的攻击行为。[11]

此外，冷淡无反应的母亲，也就是对待婴儿毫无愉悦之情，即使受到婴儿攻击也毫无任何反应的母亲，会导致婴儿产生回避行为。列举这些母亲的行为并不是说这类行为是造成婴儿回避的“唯一”原因。基因的差异或脑部损伤也可能有关系。

要想就回避行为的产生原因给出确切的生物学解释，我们还需要更多的研究；有一个有趣的想法，尤其是这个想法还与本书的主题相关，那就是回避也许能让婴儿控制和组织自己的行为，还能维持行为的灵活性。玛丽·梅因和唐娜·韦斯顿这样写道：

什么是“行为混乱”？当行为在两个极端之间摇摆不定，而且不受环境变化的影响，或者当行为在不需要出现的环境中反复出现时，可以被称为混乱的行为。[12]

如果母亲恐吓婴儿，还拒绝与他们身体接触，那么婴儿会被置于一种极难的境地。任何来源、任何类型的威胁都会刺激婴儿对依恋产生强烈需求，因为依恋的主要功能就是保护婴儿免受危险的威胁。但是，如果威胁的来源正是婴儿必须寻求保护的人，那么婴儿将面临无法解决的冲突。在这种情况下，婴儿会在接近、回避和愤怒行为之间游移不定。这种行为的混乱只能通过婴儿远离与母亲有关的一切来缓解。

很明显，回避行为意味着母婴之间的关系更加紊乱，比顺从行为更甚。这可能与以下事实有关：回避行为在婴儿发育的早期阶段就表现出来了，而更为复杂的顺从行为出现得晚一些。回避是害怕被敌意破坏或摧毁，而顺从是害怕爱被收回。回避是怀疑是否被爱过，而顺从是知道爱的存在，但是怀疑爱能否持久。

这些行为模式在被称为“精神分裂”或“抑郁”的病理性人格类型中表现得最明显，但也可以在“正常”人对他人的态度中作为潜在因素被发现。研究梅兰妮·克莱因理论的人会立刻将这些观点与另一个二分法联系起来：她将婴儿心理发展阶段分为“偏执－分裂心位”(paranoid-schizoid position)和“抑郁心位”(depressive position)。尽管梅兰妮·克莱因的许多概念仍有待证实和改进，但她认为“精神病”机制是“正常”人情感态度的基础和影响因素，这一观点是令人信服的。例如，只有当接受“正常的心灵深处潜伏着潜在的偏执心理”的观点，我们才能解释引起女巫迫害和纳粹屠杀犹太人的集体性妄想。大量的普通人都持有关于女巫和犹太人的观点，如果这些观点只是一两个人说出来而不是整个群体的表达，就会被视为偏执妄想而不被理会。我们的大脑中都存在着极为原始的、非理性的精神力量，这些力量通常被理性所掩盖和控制，但在我们称为精神病患者的行为中，它们有着明显的表现，当正常人受到威胁或其他形式的压力时，他们的行为也会有所反映。没有人可以做到精确平衡，所以没有人能够在与其他人的交往中完全不使用回避或顺从。然而，这些态度与上述婴儿早期的各种行为能够合理地联系起来，也能够与精神病患者特有的病理现象联系起来。

被精神病学家称为精神分裂症患者的最典型特征之一就是，

在与人建立亲密关系时，他们无法消除威胁感。典型的精神分裂困境就是迫切需求爱的同时又对亲密关系极度恐惧。作家卡夫卡便以极端的形式生动描绘了这一困境，他在成年以后也通过回避使自己能够利用写作的方式来防止“行为混乱”。

尽管卡夫卡在其短暂的一生中结交了许多朋友，这些朋友对他也是颇为喜爱，有时甚至将他理想化，但卡夫卡表示，即使是和他最亲密的朋友、后来为其著传的马克斯·勃罗德（Max Brod）在一起，也从未能进行过一次真正揭示自我的长时间对话。陌生人总是对他构成威胁。在1913年6月的一封信中，卡夫卡写道：

但是如果我在一个陌生的地方，在一群陌生人中间，或者我觉得他们是陌生人，那么整个房间都会压在我的胸口上，我无法动弹，事实上我的整个性格似乎都在激怒他们，一切都变得糟糕透顶。[13]

在童年和青少年时期，卡夫卡对自己的身体感到羞耻，他觉得自己瘦弱不堪。直到28岁，他才能够毫无尴尬地出现在公共游泳池里。这种身体疏离感是精神分裂人格的特征，促使他怀疑自己存在的合理性，害怕其他人会压垮或摧毁他。哪怕是正常的胃痛，他也会妄想这是一个陌生人用棍棒袭击他所致。这种偏执幻想与梅兰妮·克莱因所说的仍处于偏执-分裂心位阶段的婴儿的幻想完全相似。根据她的描述，由于婴儿处于无助状态，所以他会把受挫当成迫害来反应，害怕自己依赖的强大的父母会摧毁自己。根据克莱因的观点，婴儿把强烈的破坏性冲动归因于那些照顾他的人，这些冲动实际上是他自己心理的一部分，也就是说，他利用了偏执投射的心理机制。在以后的生活中，痛苦容易唤醒这些早期的情绪，而且会被当成外部对自我的攻击，而不是内在的经历。不管人们是否接受梅兰妮·克莱因关于婴儿出生头几个月的心理状况的看法，卡夫卡关于对陌生人和自身痛苦的反应的描述确实证明了偏执投射在其心理状态中的持续性和重要性。

因为这种性格，卡夫卡在与女性交往中遇到困难也就不足为奇了。他与一个名叫菲丽丝·鲍尔（Felice Bauer）的女孩深深相爱了 5 年，并于 1913 年 6 月向她求婚。但是在交往的整段时间里，这对分别居住在布拉格和柏林的异地情侣会面不超过九次，每次见面通常不超过一两个小时。他们几乎完全是通过书信往来。卡夫卡的信常常令人神伤，信中表达了对菲丽丝的强烈需求，还对她的行踪乃至她的穿着饮食感到痛苦、焦虑。他要求菲丽丝即刻回复他每天的信件，如果没有收到回信，他会变得痛苦不堪。但如果菲丽丝真在他面前，他又觉得是威胁，至少在他写作的时候是这样：

有一次你在信中写道，你多么想在我写作时坐在我身旁。哦，可是我想，这样我就无法写作了。写作就是把自己心中的一切都敞开，直到不能再敞开为止。写作也就是绝对的坦白，没有丝毫的隐瞒，也就是整个身心都贯注在里面。这样，一个人就会觉得在跟人的交往中失去自我，而在这种状态下，只要他还是清醒的，就会变得畏惧起来，因为人只要活着，那他就想活下去。但是，对写作来说，坦白和全神贯注却远远不够。这样写下来的只是表层的东西，如果仅止于此，不触及更深沉的泉源，那么这些东西就毫无意义，在这时刻产生的只是真实的感情使地层的表面晃动而已。所以，在写作时，只身独居还不够，一个人静静地

形影相吊还不够，夜深人静的深夜到底太少。[14, ㊀]

不用说，他们最后没能结婚。

卡夫卡在写作时需要独处，乍一看可能会被简单解释为，他不愿意让任何人看到或批评他在作品中“过度”敞开的自我。他可能已经想过，在让他心爱的菲丽丝阅读之前，必须把他认为极度私人化的部分做下修改和编辑。但他的焦虑远不止于此。别人的真实靠近可能会危害他脆弱的心理结构。卡夫卡已经在精神错乱的边缘徘徊。散文家埃利希·海勒（Erich Heller）写道：

当然，这种性格近似于疯狂，只有伏案写作才能将其阻隔，只有利用想象把看似不可阻挡的崩溃倾向扭转开来才能阻断，只有极其完整的才智才能阻止。[15]

卡夫卡后来与米莲娜·洁森斯卡（Milena Jesenská）也是这样的关系模式，书信文字传达着强烈情感，生活中却彼此相隔。直到生命的最后死于肺结核的那一年，卡夫卡才真正和一名叫作多拉·迪亚曼特（Dora Dymant）的女子住到了一起。即使在这样的情况下，他还将这一行为称作：

一个鲁莽的举动，堪比于某些重大历史事件，比如拿破仑的征俄之战。[16]

卡夫卡担心亲密关系会对他保持头脑清醒构成威胁，会影响他，让他无法通过写作来整合性格中相互冲突的部分。没有这个的话，“一切就会分崩离析，中心将不复存在”。[17] 卡夫卡最为需要的人，恰恰也是他长期持续的威胁。

㊀ 摘自查日新等译《卡夫卡情书—致菲丽丝》。——译者注

我在上文中指出，具有内向型或精神分裂性格的人，如果他们拥有创造才能，那么他们被哲学或自然科学吸引的可能性会比小说更大，因为他们关注的是模式制定而不是故事讲述。对于我所说的精神分裂困境，卡夫卡就是一个如此生动的例子，以至于我禁不住要去引用他的话，虽然初看之下他好像不太符合这一假设。卡夫卡构建的惊心动魄的小说世界几乎与真人无关。他笔下的许多人物甚至连名字都没有，只是通过岗位来区分，比如看门人、守卫或官员。他笔下的世界本质上是一个被非个人力量所威胁的人类世界，这种力量他既不能理解也无法掌控；用沃林格的话说，产生的是抽象而非移情。

还有一个问题。卡夫卡对菲丽丝和米莲娜的矛盾心理难免会让我们想起回避型婴儿的情况，那就是他害怕自己最依赖的人。但是，真的有什么正当理由可以把成年人的性格特征和婴儿行为联系起来吗？我认为是有的，当然我也知道一些研究表明，随着时间的推移，孩子可能会因环境的不同而发生很大变化。

关于这个问题，有一个奇怪的悖论值得注意。遗传学家和许多心理学家认为，在决定成人性格方面，遗传远比环境重要。精神分析学者认为，环境因素，尤其是婴幼儿时期的环境因素对人性的塑造至关重要。不过，这两个阵营倒是对以下假设意见一致：所有这些不同的因素都在人类生命早期，即婴幼儿时期产生了影响，而无论是男性还是女性，都必然基于婴幼儿时期并成长起来。不过，他们没有对“后来的童年和青春期经历同样可能是个人性格的重要决定因素”进行过多考虑。

第8章

分离、孤立与想象力的提升

Solitude

A Return to the Self

我想我能变成动物，和它们为伴，它们是那么恬静、那么矜持，我站着，久久地望着它们。

——沃尔特·惠特曼

我们在第 6 章中提出，每个人都有一个内心的幻想世界，想象力作用于兴趣，而兴趣对于很多人来说，与人际关系意义相当。运用想象力再正常不过。我们没有幻想：如果真的没有，我们就会失去生而为人的许多特性。正如人们所料，独具天赋的人往往有着高度发达的想象力，而他们因为种种原因经历过颇为孤独的童年。我们已经指出，孤独的影响可能有害，也可能有益，视情况而定。除非这些情况极为有害，造成了精神分裂，否则缺乏或丧失部分人际关系反而会激发人的想象力。

人们普遍认为，想象力在儿童时期特别活跃，对于那些长时间独处的孩子来说就更加明显了，他们要么是因为没有其他孩子可以一起玩耍，要么就是很难与同龄人建立关系。有些人长大以后会投身于想象力主导的事业，而这些人往往从童年开始就比一般人要更多地沉浸于想象，因为分离、丧失或被迫孤立的环境促使他们朝这个方向发展。孤独的孩子常常给自己虚构一些伙伴。不止这些，有的孩子还能编出各种人物角色演绎的故事。

那些在早期生活中遭受各种缺失的人可能会难以获得亲密依恋，但想象世界的搭建有时能让他们暂时摆脱不幸，弥补缺失，从而为今后的创造性成就奠定基础。一些丧亲或孤独的孩子对建立持久的亲密关系不再抱有一丝希望，他们只愿意冒险尝试不太亲密的关系。一些具有创造性天赋的人建立的人际关系可能是有限的、不完整的，或者是风雨飘摇的。富有创造力的艺术家很可能会选择有助于他们工作的关系，而不是能够丰富内在的关系，配偶可能也会发现艺术家把婚姻关系排在了第二位。但这种情况并非一成不变，也有例子表明，有的人童年生活孤独，但在成年后仍然能够建立亲密关系。我们也不是不知道，充满创造力的人一旦建立了亲密关系，就会失去一些想象的动力。

英国小说家安东尼·特罗洛普（Anthony Trollope）就是这样一个例子，他将自己独创的想象力发展归因于早年的孤独。特罗洛普在自传中描述了自己在哈罗公学和温彻斯特公学的痛苦生涯。因为父亲贫穷，他付不起学费，连零用钱也没有。这些情况还让同学知道了。他称自己是大块儿头、又笨又丑的“贱民”，没有朋友，还被同伴鄙视。只有在幻想里，他才能稍做喘息。

从少年甚至孩提时代开始，很多时候我都得依靠自己。关于我的学生时代，我已经解释过为什么其他男孩不愿意和我一起玩。因此我孤身一人，不得不在心里自娱自乐。那时候我真的需要一些自娱自乐的东西，其实我一直都需要。我没有学习的天分，也不喜欢整天无所事事。就这样，我总是在自己的脑海中建造一些空中楼阁。

特罗洛普表示，弥补了他心灵缺失的这些浪漫故事占据了他六七年的生命，直到他离开学校，开始在邮局工作，甚至开始工作之后，这些故事仍在他的脑海中继续萦绕。

我想，再没有比这更危险的心理活动了；但我经常在想，如果不是这些奇思妙想，我还能不能写出一本小说。通过这种方式，我学会了持续保持一个虚构故事的兴趣，沉浸在自己想象出来的作品中，生活在一个与我自己的物质生活完全脱离的世界里。[1]

特罗洛普用了“危险的”这个贬义词来形容自己的内心幻想，这让人想起弗洛伊德颇为拘谨的观点，他认为幻想是一种逃避现实的幼稚行为。可是实际上，特罗洛普的幻想生活与外部世界联系非常紧密，致使一些评论家甚至认为他的小说朴实平淡、缺乏想象。然而，英国小说家 C. P. 斯诺（C. P. Snow）将他称为“19 世纪所有小说家中最优秀的天然心理学家”。[2]

斯诺将特罗洛普的移情能力归因于他早期生活的不快乐，毫无疑问这是合理的。后面我们还会在其他的案例中观察到：感受到被拒绝，这通常会让人产生警惕心理，并对他人的感受和行为进行谨慎评估，因为如果不学会取悦这些人，他们可能会带来更大的痛苦。于是，这位初露头角的小说家早早就学会了观察人类，揣测他们的动机。

英国作家比阿特丽克斯・波特（Beatrix Potter）是个有趣的例子，她在童年大多数时候都是独自一人，虽然也没有很不快乐，但导致她在别人面前非常害羞，说话结结巴巴。玛格丽特・莱恩（Margaret Lane）为她所写的传记《比阿特丽克斯・波特的故事》（*The Tale of Beatrix Potter*）于 1946 年首次出版。汉弗莱・卡彭特（Humphrey Carpenter）在《秘密花园：儿童文学的黄金时代研究》（*Secret Gardens*）这本书中说到比阿特丽克斯・波特时，指责玛格丽特・莱恩夸大了波特早期的孤独感和人际交往方面的困难。[3] 卡彭特指出，比阿特丽克斯・波特用她自己设计的密码所写的秘密日记在 1946 年还没有被破译出来；卡彭特认为，如果有这些日记的话，玛格丽特·莱恩会描绘出波特的另一种模样。到了 1968 年，玛格丽特·莱恩的第二版传记问世，其中大量引用了波特的日记，并对莱斯利·林德（Leslie Linder）的贡献给予了充分肯定，后者破解了波特的密码，然后花了 9 年的时间转译她的日记。

比阿特丽克斯·波特出生于 1866 年 7 月 28 日，6 岁以前家里只有她一个孩子。对于独生子女，细心体贴的父母有时会通过一些方式来弥补他们的孤独，比如送他们去幼儿园、邀请其他孩子到家里玩，或者用别的方式来确保孩子可以经常和同龄人一起玩耍。可是波特的家人却没觉得有这个必要。陪伴她的只有一个苏格兰的保姆，她每天在育儿房里吃午餐，下午保姆会带她去散步。这样一个在肯辛顿的富裕环境中长大的中产阶级孩子，她想要的还能是什么呢？

她从来没有去过学校，也没有长时间和父母生活在一起，除了偶尔能跟堂兄弟姐妹碰面以外，她没有任何可以与其他孩子玩耍的机会。她的父母也不在家里招待客人；这个家声望有余，却沉闷不已；孩子的需求根本无人在意。因为家里的马车很少离开南肯辛顿附近，比阿特丽克斯·波特直到 19 岁才见到英国皇家骑兵卫队、英国海军部和白厅。这也难怪她长大后会在别人面前感到不自在。她的一个堂兄将这里称为“维多利亚时代陵墓”，而波特离开这里的机会少之又少，不是去看望住在哈特菲尔德附近的祖母，就是偶尔拜访一下其他亲戚，还有就是一家人每年一次的苏格兰度假，在那里她开始对动物的生活感兴趣，并开始编织关于动物的奇妙幻想。她从苏格兰作家沃尔特·斯科特（Walter

Scott）的历史小说《威弗利》（*Waverley*）开始了阅读之旅。她最初的文学作品似乎都是“对苏格兰风景的动情描述”和赞美。[4]

波特的弟弟伯特伦（Bertram）出生得正是时候，可是他一到年纪就被送去了寄宿学校。波特的家庭教师哈蒙德小姐鼓励并支持她，培养了她对大自然和绘画的兴趣，但她在波特十几岁时就离开了，因为她说她的学生已经超过她了。虽然后来有女家庭访问教师教她德语和法语，但波特的大部分时间都是一个人度过的。不过她倒是养了不少宠物：一只兔子、两只老鼠、一些蝙蝠和一群蜗牛。玛格丽特·莱恩这样描述道：

她和兔子、刺猬、老鼠、小鱼成了朋友，就像单独监禁的囚犯会跟老鼠交朋友一样。[5]

有趣的是，当她的秘密日记最终被破解时，人们并没有从中发现什么需要隐藏的秘密。玛格丽特·莱恩的评论很有见地：

没有什么不可告人的自言自语，也没有什么神秘的幻想，甚至连抱怨都很少。似乎多年以来，她几乎是不由自主地开始了这项工作，内心的驱使永不停歇，她利用自己的才能，拓展自己的思维，不放过任何有意义的事物，只为了去创造一些东西。[6]

比阿特丽克斯·波特一直写日记到 30 岁。尽管内容平淡无奇，但多年来她孜孜不倦地记录证明了，于她而言这是对她个性的重要肯定。在一个几乎不承认孩子独立个性的家庭里，这种对个性的肯定在孩子看来是对父母的反对，因此是错误的。这可能就是她选择用密文记录的原因。

她的另一项创造性活动是绘画，从她的书里可以看出，绘画让她获得了愉悦的成就。

比阿特丽克斯·波特 17 岁的时候，家庭女教师安妮·卡特（Annie Carter）教她德语，她们俩成了好朋友。卡特小姐结婚后，波特与她持续通信，还会关心她的孩子们。其中最年长的叫作诺埃尔（Noel），5 岁开始长期患病。为了逗他高兴，波特给他寄了一封长长的带有插图的信，里面讲述了彼得兔的冒险经历。1901 年波特自费出版了这本书，后来 1902 年费德里克·沃恩公司将这本书公开再版。

在接下来的 10 年里，先是《彼得兔的故事》（*The Tale of Peter Rabbit*），而后出了《小松鼠纳特金的故事》（*The Tale of Squirrel Nutkin*）、《杰米玛鸭妈妈的故事》（*The Tale of Jemima Puddleduck*），还有很多其他的可爱小动物的故事，这些小动物后来被一代又一代的孩子所熟悉和喜爱。比阿特丽克斯·波特的动物绘画非常精美，几年前甚至在伦敦举办了一次专场展览。有趣的是，她的人物画从未达到同样的高度。怎么可能达到同样的高度呢？在她人生的那个阶段里，人类对她的意义根本不及这些小宠物，她对它们不只全心托付，还进行了细致入微的观察。

有意思的是，她的创作时间仅持续了 10 年，就是在这 10 年里，她创作了所有最好的作品。1913 年，比阿特丽克斯·波特不顾父母的强烈反对，嫁给了一名律师，并在英国湖区定居下来，开始经营农场。这一年她也 47 岁了。可以说，随着年龄的增长，童年变得越来越遥远，基于童年幻想的创造力必然会下降。我们还可以推测，当人类首次成为波特生命里的情感中心时，她对动物的情感投入就会相对减弱，创作动物相关故事的动机也跟着消失了。像这样慢慢失去对想象和创作的兴趣的作家，波特不是唯一一个；但也有女作家在结婚生子以后继续写作，比如安东尼·特罗洛普的母亲。

前面提到汉弗莱·卡彭特的《秘密花园》这本书有一章是关于比阿特丽克斯·波特的，卡彭特在这章的开头做出假设：

> 许多人对维多利亚时代后期和爱德华时代㊀典型的儿童作家有刻板印象。他/她应该是一个孤独、孤僻、内向的人，几乎无法建立正常的人际关系，只能通过与孩子交谈或为他们写书来表达自己内心最深的情感。[7]

我和卡彭特一样讨厌刻板印象，然而现实情况往往就是这样，那些难以和同辈建立人际关系的成年人，和孩子或动物相处会更自在，而他们可能刚好是作家，也可能不是。我们来简单地列举一些作家的例子，他们有类似的性格特征，他们的情感发展和职业选择部分取决于和父母的早期分离。

爱德华·利尔（Edward Lear）㊁的“胡话诗”和漫画既愉悦了大人，也逗乐了孩子，欢乐传递了一百多年。当年他的父亲负债累累，致使家庭破裂。为了减轻母亲的负担，利尔从 4 岁起就被托付给他姐姐照顾。从那时起，母亲与他的成长就再无任何关系。英国传记作家薇薇安·诺克斯（Vivien Noakes）写道：

> 他是一个相貌不佳、眼睛近视但感情丰富的小男孩，母亲不负责任的弃养让他感到困惑，也让他受到了伤害。[8]

㊀ 1850～1910 年。——译者注

㊁ 19 世纪英国著名的打油诗人、漫画家、风景画家，一生周游于欧洲各国，以作品《胡调集》而闻名，被誉为英国“胡话诗”第一人。——译者注

尽管作为监护人的姐姐对他疼爱有加，后来全家也团聚了，但利尔似乎从未与父母任何一方建立过亲密关系，而且从7岁起，他就受到抑郁反复发作的困扰，他将其称为“病态”（the Morbids）。此外，他还患有癫痫和哮喘，这让他的心理障碍更加复杂。长大以后他成了一个孤独的人，而且性向上以同性为主，但是这方面的欲望可能从来没有实现过。

他寻求的不是物欲之爱，而是一个人对他的需要，这种需要是他的父母没能给他的，那种父母对孩子的爱的需要。因为他有魅力又懂感情，所以大家都喜欢跟他做朋友，他很喜欢跟孩子们在一起，因为孩子们喜欢他，而且也乐于表现对他的喜爱。他一直在寻求与另一个人建立真正的精神联结，却终究寻而不得。[9]

薇薇安·诺克斯为利尔的传记加了副标题“一位流浪者的生活”（The Life of a Wanderer），因为利尔一生大部分时间都在旅行，以画家的身份谋生。

不停地旅行或者频繁地搬家，做这些事的人往往缺乏母爱，或者因为一些别的原因难以扎根在一个可以当作“家”的地方。尽管利尔的非凡魅力和可爱品质给他带来了很多朋友，但他从未克服自己本质上的孤独。

鲁德亚德·吉卜林（Rudyard Kipling）是作家当中一个特别突出的例子。早年的无人照管和生活不快对吉卜林的未来产生了深远的影响。1865年12月30日，吉卜林出生于印度孟买，其父亲约翰·洛克伍德·吉卜林（John Lockwood Kipling）是该市一所艺术学院的院长。1871年4月15日，吉卜林的父母带着他和小他3岁的妹妹（1868年6月11日出生）回到英国，休假 6 个月。那时候，生活在印度的英国人通常会把自己的孩子送回英国接受教育。这样做一方面是为了减少孩子生病或夭折的风险，毕竟印度的气候炎热，这种风险肯定更大；另一方面多少有些自命不凡的意味，他们认为被印度保姆带大的孩子可能不太好养成英国中产阶级的习惯和礼仪。

在吉卜林 6 岁生日之前，父母将他和妹妹托给了退伍海军军官霍洛韦夫妇照看。父母并没有告诉两个孩子，他们将不带孩子一起回印度。一直到了 1877 年 4 月，吉卜林才再次见到母亲。他在霍洛韦家待了 5 年，这 5 年时间影响了他的一生，后来他将那里称为“荒凉之家”(The House of Desolation)。霍洛韦家比他大 6 岁左右的儿子会欺负他，可恨的霍洛韦夫人还会残忍地责打他，用强制关禁闭的方式惩罚他。他被送往当地的走读学校上学，在那里他也受到了欺凌，而且表现得很差。每天晚上他都被盘问这一天的表现。但凡说得前后矛盾，这个既害怕又困倦的孩子就会被认为是在蓄意撒谎，然后又要面对一顿责罚。吉卜林的传记作者之一查尔斯·卡林顿（Charles Carrington）说，霍洛韦夫人给吉卜林带来的多年折磨教会了他要：

> 坚忍顽强，幸福必须由自己创造，只要心里有力量可以支撑，就一定能忍受任何困难。[10]

在小说《咩咩黑羊》(*Baa*, *Baa*, *Black Sheep*) 中，吉卜林用一种自传的方式描述了这段悲惨可怕的人生。英国小说家、文学批评家安格斯·威尔逊（Angus Wilson）写道：

> 我们从他的朋友希尔夫人那里了解到，写这本小说对他来说是极其痛苦的，当时他就住在印度阿拉哈巴德的希尔夫妇家里。[11]

吉卜林将霍洛韦夫人对他的虐待称为“蓄意折磨”，但他还说，这让他仔细注意了那些不得不说的谎言，而且推断这是他文学创作的基础。

或许小说的艺术确实部分源于把谎言说得令人信服的能力，但这肯定不是小说的唯一来源，吉卜林这么说，其实是有点过于自谦了。他还写了这样一个欣喜的发现：只要大人让他一个人待着，他就可以借助阅读逃往自己的世界。

成年以后的吉卜林仍然难以捉摸，回避公众的关注。他讨厌别人探询自己的私生活，希望大家只通过作品来评判他。他的婚姻和其他富有创造性的人有着同样的特征，他们的首要愿望不是亲密关系，而是可以不受打扰地自由追求自己的想象和创作。1892 年，卡丽·巴莱斯蒂尔（Carrie Balestier）与吉卜林结婚，这是一位能干的女性，她保护吉卜林不受来访者的影响，接管了家中大小事务，还管理着他的对外事务和通信。尽管吉卜林享有盛名，有广泛的社会交往，但他仍然保持着沉默内敛的性情，在社交场合也容易陷入自己的内心沉思中。卡林顿认为，相对于他的妻子，这场婚姻对于吉卜林来说会更满意。

吉卜林内心的焦虑表现在了失眠和十二指肠溃疡上。和爱德华·利尔一样，吉卜林和孩子们相处得最好，也最放松。他在激发别人的信心方面也表现出了非凡的能力，别人能够放心地跟他说自己的困难，不用担心他会背叛自己。[12]

这种特殊的品质似乎取决于一种独特的能力，即设身处地为他人着想，“认同”他人的能力。这种能力往往源于他过早地关注别人的感受，而吉卜林说自己从孩提时代开始就不得不发展这种能力了；我们在安东尼·特罗洛普身上也发现了这一点。吉卜林变得小心翼翼，他时刻警惕着大人的情绪变化，生怕他们发火。当他开始写作时，这种提前预知他人感受以及情绪表达方式的能力对他有所助益。

害怕惩罚并不是造成这种警惕性焦虑的唯一缘由。母亲情绪低落或健康状况堪忧的话，孩子也会产生同样的警惕和过度焦虑。这些孩子会把自己的感受藏在心里，同时还会特别注意他人的感受。与大多数孩子相比，这些孩子不太会去求助于母亲或其他照顾者。长大以后，这些小心谨慎、过度焦虑的孩子会成为别人愿意求助的倾听者，但是他们无法建立平等互惠、互相纾解的关系。同样的性格特质在精神分析学家和医生身上也不少见，他们引导别人吐露心声，却不会被要求做同样的自我剖析。

吉卜林对他的知己们了解得更多，他们却没法这么了解他。和其他作家一样，吉卜林对自我的揭示大多也是间接的，并且局限于小说中。《咩咩黑羊》是个例外，因为它看起来是一本真实还原的自传。

英国小说家 H. H. 芒罗（H. H. Munro），笔名“萨基”(Saki)，也是作家中的一个显著案例，他的想象力很大程度上来自丧亲之痛、失去父母之爱和情感孤立。萨基出生于 1870 年 12 月 18 日，差不多刚好比吉卜林晚 5 年。他和吉卜林一样出生在国外，不过不是在印度，而是在缅甸，他的父亲是英国宪兵队的一名警官。1872 年冬天，他那身怀六甲的母亲在英国休假期间被一头受惊逃窜的母牛冲撞，因为这次意外事故，母亲不幸流产死亡。后来他的父亲返回缅甸，将萨基和他的哥哥姐姐留给了寡居的祖母和可怕的姑姑夏洛特（被称为“汤姆”）、奥古斯塔，并由她们抚养长大。

这两个可怕的姑姑总是互相争吵不休，而且生性严格古板。尤其是奥古斯塔，总是施加无理惩罚，自己的愤怒之余还要加上所谓的神怒来威胁他们。埃塞尔是三个孩子中的老大，她形容姑姑奥古斯塔是：

一个脾气暴躁、好恶极端、专横跋扈的女人，她毫无头脑可言，性情冲动原始。按理说，她该是照顾孩子的最坏人选。[13]

萨基多次在他的故事中"报复"两个姑姑，其中报复性最强的要数《斯莱德尼·瓦斯塔尔》(*Sredni Vashtar*)，故事中 10 岁男孩康拉丁的监护人明显是取自姑姑奥古斯塔的形象，这名监护人最后被康拉丁的宠物雪貂杀死。

萨基长大以后成了花花公子和同性恋。和英国剧作家诺埃尔·科沃德(Noël Coward)一样，萨基在玩世不恭的保护面具之下隐藏着自己的真情实感，而且，尽管受到许多人的喜爱，但他真正亲近的人没几个。杰克·沃尔特·兰伯特(Jack Walter Lambert)在他编辑的《萨基作品选》(*The Bodley Head Saki*)一书中做了深刻、敏锐的介绍，他写道：

即使是他的朋友(也许军队里的战友除外)所给的赞扬，似乎也只是体现了无可挑剔的礼节，实则满是冷漠。社会于他而言不过是空虚的温床。当他从战斗中退下来，他便成了孤独的颂扬者。他的作品里完全没有任何亲密的人际关系，除了弗兰切斯卡·巴辛顿(Francesca Bassington)和她的儿子之间的那条扭曲的纽带，捆绑他们的同时也在削弱着他们[见《不可容忍的巴辛顿》(*The Unbearable Bassington*)]。[14]

和吉卜林还有利尔一样，萨基也更喜欢和孩子们在一起，不愿和大人打交道。他们三个都是动物爱好者，都会在故事里创作小动物的角色。

萨基和吉卜林还对人身虐待有一定的兴趣，有时会以一种令人厌恶的方式表现出来，比如吉卜林的“斯托基”（Stalky）系列故事中，比如萨基在《不可容忍的巴辛顿》中描写了科摩斯在学校鞭打一名男孩。成年后的两人性格中都带有施虐倾向，从常理推断，这种倾向可能是出于想要报复那些在童年时折磨过他们的人。小说为发泄暴力情绪提供了一个可行的出口。多么希望那些通过攻击无辜和无助的人来表达暴力情绪的人，希望他们能有足够的天赋，可以用小说的形式发泄出来啊！

第三个例子要说一位不同类型的作家，P. G. 伍德豪斯（P. G. Wodehouse）。伍德豪斯出生于 1881 年 10 月 5 日，虽然出生地是英国，但他两岁以前大多是在海外度过的。两岁时，伍德豪斯和他的两个哥哥（分别是六岁和四岁）被母亲带到英国，由完全不认识的罗珀小姐专门负责照看。被罗珀小姐管教了三年以后，孩子们就被转到伦敦克里登的一所两姐妹开办的学校，然后又去了英国根西岛的一所学校。伍德豪斯自己写道，他只是不停地从一个人手里辗转被送到另一个人手里，这种生活总觉得怪怪的，感觉无家可归。

不过他也没有觉得特别不开心。在他生命最后的一次采访中，他说自己有一个非常幸福的童年，并将自己的命运与吉卜林的命运进行了对比。但他幼年缺乏亲密而持久的感情纽带，这一点不可避免地产生了影响。他的传记作者弗朗西斯·唐纳森（Frances Donaldson）评论道：

他只是把自己从冰冷而没有意义的世界中抽离出来，退入幻想中。从很小的时候开始，他就能快乐自处，在没有任何家庭生活或情感刺激的情况下，他在孤独中丰富了自己的想象力。从记事起，他就一直想要成为一名作家，甚至在他学会写字之前就已经开始编造故事了。[15]

伍德豪斯 91 岁高龄时接受了《巴黎评论》(*Paris Review*) 的采访，据报道伍德豪斯这样说过："我 5 岁的时候就知道自己在写故事。在那之前我不知道自己做了什么，可能就是闲玩吧。"[16]

又一次转校之后，伍德豪斯被送到了德威学院（Dulwich College)。弗朗西斯·唐纳森告诉我们，在那里，"他第一次获得一定程度的持久稳定的生活。"[17]

对于伍德豪斯而言，德威学院成了他情感的核心，对于正常环境下成长起来的孩子来说，这种情感往往是指对"家"的依恋。哪怕离开了学校 40 年，伍德豪斯仍然会关注学校的足球比赛，而且热情程度丝毫未减。他形容自己在德威的日子就像天堂一样。他擅长比赛，智力高于平均水平，而且在这样一个公立学校，他也不需要建立亲密关系。正如唐纳森所说："他可以参与，但不会被强制加入。"[18]

伍德豪斯的母亲在他 15 岁时重新进入了他的生活，但他从未与母亲建立过任何亲密的关系，后来在与女性的关系中，他始终存在情感上的拘谨和依赖。缺乏母爱的人往往都容易被年长于自己的女性所吸引，伍德豪斯也不例外。他在 1914 年结婚，妻子埃塞尔（Ethel）全权负责他的财务事宜，只给他一点零用钱。她会保护伍德豪斯不受外界的影响，虽然有时也会强迫他参加社交活动，但她还是会尽量确保伍德豪斯能够按需享有孤独。在这些方面，伍德豪斯的婚姻与吉卜林的非常相似。

伍德豪斯仍然害怕参与社会交往，讨厌接受采访，厌恶参加俱乐部（虽然他还是参加了一些），而且将他无法给予别人的感情大方地施予了动物。当他的妻子想在纽约找公寓时，他让她找一套一楼的。“为什么？”她问道。伍德豪斯回答：“我从来不知道该对电梯员说点什么好。”[19]

他去学校看望女儿，每次都得在外面等她过来找他，因为他害怕自己一个人面对女儿的校长。他生性善良可爱，又相当孩子气，作品是他逃离现实世界的一种途径，因此他的作品非常多。据估计他总共出版了 96 本书，还为音乐喜剧作词，还有其他类型的创作。

在日常生活中，人们通常会羡慕那些对烦恼毫不在意、把烦恼变成笑话的人，但伍德豪斯利用幽默作为保护手段，在某种程度上让他对现实产生了曲解。例如，他对金钱不太关心，最多身上装点儿零用钱来买烟或者买新的打字机色带，因为对钱没有概念导致他经常要跟税务机关打交道。二战期间，他在法国被德国人监禁，后来他同意利用自己在狱中的经历给德国做一些幽默广播剧，这对他的声誉造成了巨大的损害。且不考虑政治意识，任何对现实有点正常理解的人都会意识到，这样的行为会被视为对纳粹的支持，但伍德豪斯愉快地把它当作一个机会，可以与公众保持联系，还能表达他对美国朋友给他寄包裹的感谢，一点儿也没想过他可能会被打上叛国贼的标签。

吉卜林、萨基和伍德豪斯都有过早年被“寄养”的经历，缺乏普通家庭的温暖、关爱和支持。结果导致三个人在建立亲密关系方面都遇到了困难，相较于成年人，他们会给予动物或儿童更多的感情。

三个人都学会了运用想象力，这既是对世界的一种逃避，也是在间接地给世界留下印记。吉卜林和萨基通过小说表达了他们对那些抛弃自己、任由陌生人虐待自己的人的不满。伍德豪斯没有受过虐待，只是不停地辗转于人，于是他创造了一个没有暴力、没有仇恨、没有性、没有深情的想象世界。虽然利尔的胡话诗展现了一种幽默的暴力，但他的想象世界也是无性的，没有深刻的情感。

由此我们可以合理地假设，在这些例子中，人发展出这种高度复杂的想象世界是因为他们被切断了情感上的满足，没有办法像普通家庭的孩子一样享受与父母及其他照顾者的关系所带来的满足感。这些作家（这里包括比阿特丽克斯·波特和爱德华·利尔，虽然他们没有远离父母，但在情感上依然没有得到父母的照顾）利用自己的创作来补偿孤独，其中有四个例子还体现了他们用对动物的爱来部分替代对人的爱，以此作为补偿。

然而，并不是每个孤独的人都会走向小说或动物王国，即使他们天赋异禀。建立关系的困难也不一定都要归因于童年遭遇的逆境。上一章我们就了解到，人各有异，不只是家庭背景的不同，还有遗传的秉性差异。有些人不管小时候受到多少爱，依旧无法成功建立亲密关系。有些人通过追求财富而不是写小说来弥补人际关系的相对缺失。如果认为人类的创造性活动都可以归入一个单一范畴，那就太天真了。不过，这些例子都表明，成为作家的天资可以被丧失和孤独唤醒。现在我们或许可以理解为什么乔治·西默农（Georges Simenon）在接受杂志《巴黎评论》的采访时说：“写作不是一种职业，而是一种不幸的召唤。”[20]

在这次采访中，西默农透露，自己还是个小男孩的时候就已经强烈地意识到，两个人之间不可能实现完美沟通。他说这让他产生了一种孤独感、一种寂寞感，他差点要为此大声尖叫。毫无疑问，正是这种孤独感培养了他创造故事的非凡能力，可能也是他控制不住地去追求女性的原因吧。

我们在本章中讨论过的作家，可能除了伍德豪斯之外，其他人的童年都是不快乐的，而且理由都很充分。他们的一生到底有多不快乐？早期经历是否导致他们无法与别人建立幸福关系？如果是的话，那么对想象天赋的发挥是否为他们带来了另一种幸福？

这些问题很难回答。爱德华·利尔一辈子都有严重的抑郁倾向，虽然受到许多人的喜爱，但是他在情感上似乎一直处于孤独的状态。

特罗洛普也始终存在抑郁倾向，为了躲避抑郁，他只能强迫自己不停工作。他结了婚，而且表示自己婚姻幸福，事实上看起来确实如此。他中年时对美国记者凯特·菲尔德（Kate Field）女士的倾心与此并不矛盾。他生性敏感小心，却努力装作大大咧咧的样子来掩饰自己的感情，他还交了很多朋友，像他这样的成年人，当然不能被称为孤独。小说给他带来的名望在很大程度上弥补了他早年被人轻视和拒绝的糟糕体验。

和特罗洛普相比，吉卜林的人际关系似乎没有那么亲密，因为他很注重隐私，所以具体如何难以确定。但可以肯定的是，他魅力非凡，这给他带来了许多持久的友谊，这些友谊对他来说意义重大。婚姻给了他安全感，名誉支撑了他的自尊心。但是就像特罗洛普一样，吉卜林也还是容易陷入抑郁，评论家安格斯·威尔逊认为，吉卜林因为害怕精神崩溃而备受折磨，也因此导致他回避自省。他在写作中尝试的都基于外部观察，从而尽量少用自我反省。威尔逊认为，正是这种对内省的逃避使吉卜林无法跻身于一流作家行列，同时也解释了他笔下探讨的主题与其他作家都不相同的原因。

我认为在本章讨论的所有作家中，萨基可能是最孤独的一个。童年的不幸让他难以建立亲密关系，同性恋的身份又加剧了这一困难，在当时同性恋是一种犯罪，没有得到社会的广泛承认或接受。在他有生之年，他的作品的确让他获得了一些认可，但是作品的局限性、对爱的排斥以及作品中表现的讽刺和残酷，使萨基无法像那些获得人们更多同情的作家一样享受声名。

从萨基自己的信中可以看出，他这一生最幸福的时期是在第一次世界大战（以下简称“一战”）期间。战争初始，萨基时年 43 岁。尽管他的身体状况一直不佳，但他还是努力成了爱德华国王骑兵团的一名士兵。他在信中表示，自己把这场战争视为一次浪漫的冒险，享受在战争中结下的同性友谊，也许是因为他不太在乎自己能否活下去，所以他喜欢夜间的探险布雷行动。1916 年 11 月 14 日，萨基被敌方狙击手击中身亡。

目前讨论过的所有作家的作品中，伍德豪斯的作品最符合弗洛伊德关于幻想的理念，即幻想主要是为了逃避现实。伍德豪斯与他人的关系似乎停留在一个相对肤浅的层面上。他的生活核心显然不是亲密依恋，而是他的工作。然而，创造想象世界给他带来的乐趣以及他的聪明才智、语言能力，还有他在世界范围内取得的成功，这些似乎都给他带来了足以让许多人艳羡的幸福。

比阿特丽克斯·波特甚至在结婚之前就已经成功地找到了幸福。如果她能摆脱家庭的压抑，独自生活在自己购买的湖区的农场里，那么乡村生活加上写作就能让她感到满足。毫无疑问，婚姻给她带来了更大的满足感，但我们不能怀疑其传记作者的观点，那就是她结婚之前的八年时光也是欢快而幸福的。那段时间里，她能够独享山顶农场的风光，而作为一名作家，她正处于人生的最佳创作期。

这些作家发掘想象、发挥创造力是为了补偿亲密关系的缺失或中断，这一观点暗示了这样做其实是在退而求其次；他们本该享有这种亲密而充满爱意的关系，可是现在只能选择可怜的替代品。幼儿时期或许的确如此，任何东西都无法完全弥补幼年经历的亲密依恋的缺失。

本来写作是对缺失的补偿，后来成了十分有益的生活方式。所有这些作家都是成功的，尽管他们心里仍然留有情感的伤疤。或许除了萨基和利尔以外，其他作家都建立了不同程度的人际关系，虽然在强度和亲密度上有所差异，但至少和那些没有经历过类似童年缺失的人一样，人际关系也算令人满意。原本是一种补偿，最终却成就了一种生活方式，不仅与其他生活方式一样有效，而且比大多数生活方式有趣得多。即使亲密关系不是他们生活的中心，我们也没有理由认为这种生活不够完满。

第9章

丧亲、抑郁与修复

Solitude

A Return to the Self

写作是一种治疗方式；有时我想，所有那些不写作、不作曲或者不绘画的人是如何能够设法逃避癫狂、忧郁和恐慌的，这些情绪都是人生固有的。

——格雷厄姆·格林（Graham Greene）

但是我真的很怀疑，对我这样抑郁时情感却最强烈的人而言，消除抑郁的治疗是否也会破坏这种激情——这是一种铤而走险的治疗方法。

——爱德华·托马斯（Edward Thomas）

在上一章中我们得出结论，一些作家发展和发挥自己的想象力，是为了弥补早年与父母亲密关系的缺失或中断。本章我想探讨这样一个观点：除了用于建造补偿性的空中城堡，除了帮助回避不快乐，想象还有更多作用。正如作家格雷厄姆·格林所说，创造性想象可以发挥治疗作用。艺术家在一首诗或其他艺术作品中创造新的统一性，是为了努力在内心世界恢复失去的统一性，或找到新的统一性，同时也是为了在外部世界中创作一部真实存在的作品。在第 5 章中我们提到了这样一个事实，意识到自身创造潜力的人，他们在不断地弥合外部现实世界和内心世界之间的鸿沟。用温尼科特的话来说，“创造性统觉”就是让人们觉得生命值得活下去的东西，而那些极具天赋的人或许比大多数人更有能力用象征性的方式来修复损失。人类的大脑似乎就是这样构造的，主观想象世界里出现一种新的平衡或修复，会被认为是外部世界中的一种向好变化，反之亦然。像这样把客观和主观联系起来，我们便是在接近人类理解的极限；但我相信，人类创造性适应的秘密就在这些极限中。想象的渴求驱使人们在外部世界寻求新的理解和联系，这同时也是对内部整合和统一的渴望。

上一章探讨过一些作家的生活经历，其中萨基是最难克服童年创伤的一个。他也是这些作家中唯一一个两岁就永远失去母亲的人。在本章中，我想探讨一下创造力与抑郁之间的关系。由于丧亲之痛，特别是生命早期的丧亲之痛，不仅是当时造成抑郁的突发因素，而且往往可能会让丧亲之人对以后的任何丧失都做出特别严重的反应，因此后文将概述丧亲之痛、抑郁和创造性成就之间的复杂关系。

虽然与父母分离对任何一个孩子来说都是难忘的痛苦经历，但我们可以这样认为，只要孩子知道父母还活着，就能继续怀有和父母团聚的希望。除非相信还会有来世，否则父母去世的孩子就不会抱有这种希望了。这种丧失存在随机性，很不公平而且难以解释，这可能会让孩子觉得世界是一个不可预测、不够安全的地方，而自己什么都做不了。早年丧失父母往往会与孩子后来生活中的情绪问题关联起来，这一点不足为奇。更重要的是，有观点认为父母去世会增加孩子患上严重抑郁症的风险。

早年的丧亲之痛本身是否会导致后来的抑郁症，这个问题存在争议。早年丧亲的影响各不相同，而且，虽然早年丧亲之痛无疑是一种创伤，但它可能只是那些已经有遗传倾向的人患上抑郁的诱因。

这一假设在一篇论文中得到论证。论文作者将一组经历过丧亲之痛的精神病患者同一组没有经历过的精神病患者进行了对比。他们得出的结论是，早年丧亲会影响后期精神疾病的严重程度，而不会决定患病类型。也就是说，这种丧失与抑郁症、精神分裂症或其他形式的精神疾病的产生没有明确的关联，而是表现在病情严重程度上，患者首次入院治疗时的症状可能更加严重。

不过，经历过幼年丧亲的患者成年以后在建立成熟的依恋关系方面确实表现出了更大的困难。

> 他们还形成了紧张、不稳定的人际关系，而且抱怨自己长期感到空虚和无聊。[1]

这一项发现表明，至少一些经历早年丧亲的患者会患有慢性抑郁症，因为我们知道，抱怨有空虚感是抑郁症的一个常见特征。

英国心理学家乔治·布朗（George Brown）和蒂里尔·哈里斯（Tirril Harris）对工薪阶层女性的抑郁症情况进行研究并得出结论：如果一名女性在 11 岁之前经历过母亲去世，那么她之后在面临丧失时会更有可能发展为严重的抑郁症。之前我们已经假设自尊取决于“建立”或形成一种明确的自爱情绪。由于童年时期母亲是给予孩子明确爱意的最重要来源，因此母亲的消失自然会干扰或阻碍自爱的形成，从而使自尊更难获得或保持。[2]

然而，也有研究人员质疑是不是母亲的去世事实增加了孩子在后来生活中患上抑郁的可能性。最近一项研究指出，在一系列不同类型的抑郁症患者中，没有证据表明 15 岁之前的丧亲经历是关键因素。[3] 另外，作者确实提出，童年时期缺乏温暖的亲子关系可能是导致孩子成年以后发展为抑郁症的一个重要诱因，这与缺乏内在自尊导致易患抑郁症的假设非常吻合。孩子自然无法从已故父母那里获得被爱的感觉；但是，孩子同样无法从拒绝自己、长时间缺席或焦虑不堪而无法给予温暖关系的父母那里获得被爱的感觉。

自尊不仅与感觉自己值得被爱有关，还与对自身能力的察觉有关。抑郁性格的人在面临离婚或丧偶等逆境时，不仅是失去一个给自己爱和关怀进而给自己以自尊的人，而且常常在自己努力独自应对生活时感到无助，至少一开始是这样。布朗和哈里斯写道：

11 岁之前遭遇丧母可能会对女性的自尊感产生持久的影响，这是肯定的，因为这会让女性持续有不安全感和无法掌控世界上美好事物的感觉。

作者还说道：

在孩子 11 岁之前，掌控世界的主要手段可能在于母亲。11 岁之后，孩子可能更多地会自己直接和独立掌控。失去母亲越早，孩子就越有可能在学习如何掌握环境方面受挫，而掌控感可能是乐观的一个重要组成部分。因此，11 岁之前丧母可能会永久降低女性的掌控感和自尊感，从而成为一个脆弱因素，干扰她成年以后处理丧失的方式。[4]

将早年丧亲与后来的抑郁症倾向关联起来的另一个因素也和缺乏掌控感有关。一些遭受早年丧亲之痛的患者会在以后的人生继续寻找失去的父母，而且容易寻找那些可以充当父母角色的人作为结婚对象，这样患者可以获得结婚对象的帮助。英国精神病学家约翰·伯奇内尔（John A. Birtchnell）发现，10 岁以前丧母的女性明显比母亲健在的女性更依赖他人，或者用鲍尔比的话来说就是，更焦虑地依恋他人。[5]

依赖感、无能感或觉得自己没有能力应对处理，这三者是紧密相关的。在许多抑郁症患者中，无助与绝望会同时出现。我们在第 4 章中提到了贝特尔海姆的观察，他发现集中营里最先死亡的囚犯是那些放弃了尝试任何独立决策的人，主动放弃让他们在迫害者手中感到了彻底的无助。

与扮演父母角色的人结婚会增强这种没有能力处理的感觉。如果总是有人可以求助，总是有人提供建议、做出决定，那么依赖者就不可能学会自己处理。与那些独立于配偶的人相比，丧偶更有可能加剧那些特别依赖配偶的人的无助感。有的情况下，这种无助感将持续存在。而有的情况下，因为无法再求助配偶，丧偶的人反而会发现以前不曾察觉的应对能力。我们都曾见过一些人在失去丈夫或妻子后仿佛重获新生，这并不一定就是因为之前的婚姻不幸福。

研究表明，一个人生活中的不幸遭遇，如丧偶、离婚、失业、人身伤害或入狱，“如果研究对象认为这些是无法控制的”，那么这些遭遇会与随后出现的疾病高度相关。研究还表明，如果人们认为自己的生活主要由外部力量控制，那么这些人在应对压力事件时会比那些对生活有强烈控制感的人要更容易生病。[6]

人们普遍认为，当下遭遇的丧失可能会唤醒过去丧失的感受。如果当初的丧失引发的情绪没有完全“释放”，那么被唤醒的可能会更大，这种现象在第 3 章有提到。在哀悼过程尚未完成的情况下，再次遭遇丧失可能会产生更坏的影响。前面提到，与父母分离的孩子还能抱持与父母团聚的希望，但因丧亲而彻底失去父母的孩子则被剥夺了任何安慰的可能性。这一点意味着，相较于分离，父母去世会对孩子后期的心理健康产生更坏的影响。

布朗和哈里斯提出的证据在一定程度上支持了这一假设。他们发现，丧亲女性的抑郁状态更严重，而且更易被诊断为精神病；

那些和父母分离而经受失去的女性则更容易被诊断为神经症。

布朗和哈里斯认为，因死亡而经历丧失的人后来在面对任何形式的丧失时，会更容易把当下的丧失看成是无可避免、无法挽回的。这或许可以解释在某些情况下，引发严重抑郁症的失去或失败，与其造成的严重反应相比似乎微不足道。[7]例如，早年丧亲的青少年在考试失败后可能会不合常理地陷入深度抑郁中。

决定抑郁症易感性的一个因素可能是把人际关系作为自尊的重要来源。幼儿不太可能有足够的时间来发展兴趣和才艺，进而提高他们对自我能力的感知，除非是神童。那么在长大后我们会看到，能够投身于创作的人比那些自尊完全依赖于亲密关系的人更有优势。

写作和其他创造性活动可以用于积极应对失去，无论是应对当下的丧亲之痛，还是其他原因造成的伴有严重抑郁症的失落和空虚。第 7 章中曾提到，容易患上复发性抑郁症的人如果具有某种天赋的话，那么他可以利用创作来表达自己在现实生活中难以表现的真实自我。在第 8 章中，我们看到一些作家在经历了早期的分离或后来的孤独与不幸之后，创造了可以用于回避现实的幻想世界。这些只是创作所具有的部分功能。

富有创造天赋的人在经历了丧亲之痛，或因其他原因经历严重的抑郁后，能够利用自己的天赋做到更多。在本章的开头我就提到过，这些人往往能够将自己的天资用于被称为修复或重新创造的过程。在这个过程里，他们努力接受失去，接受痛苦，而不是去否认或逃避失去。格雷厄姆·格林承认自己有躁郁人格，并且经常需要摆脱抑郁，他认为写作、作曲或绘画能够用于治疗，这个观点是正确的，当然这肯定不是这些活动的唯一功能。此外，这种治疗形式只需要患者本人就可以，不需要任何心理医师。

我们已经了解到，创造性人才习惯独处，我们也探究了其中的部分原因。他们不会去找朋友倾诉，也不会去找咨询师诉说烦恼，他们利用自己的天赋来接受和理解自己的痛苦。创作完成以后，他们可以跟别人分享；但是，抑郁症首先的反应是面向内里而不是面向外界。

创造性行为是克服无助状态的方式之一，而正如我们所了解的，无助是抑郁状态非常重要的一个部分。这是一种应对机制，一种实现掌控的方式，一种表达情感的方式。事实上，表达情感本身就能给予患者掌控感，即使患者没有什么特别的天赋。心理治疗医师，特别是学过荣格学派理论的心理治疗医师经常会建议患者在感到愤怒或绝望时，努力尝试用绘画来描绘自己的感受，或者至少把感受写下来。许多患者会经历特殊的压力期，在这期间他们感觉自己受到了情绪的高度支配，以至于害怕自己无法应付心理治疗的间歇期。如果能够说服他们在独处时以某种方式表达自己的感受，他们往往就能放下这种被情绪压倒的感觉，进而重新获得一定程度的掌控感。

阿尔弗雷德·丁尼生（Alfred Tennyson）就是一个有名的例子，这位天才利用自己的天赋来消化生命中的失去。在听到挚友亚瑟·哈勒姆（Arthur Hallam）去世的消息后没几天，他就开始创作挽歌组诗《悼念集》（*In Memoriam*），以纪念这位挚友。就这样，《悼念集》吸引了他的注意力，他断断续续创作了将近 17 年的时间。写这本诗集的最初目的不是出版，不过公开以后，获得了巨大成功。

彼时哈勒姆已经和丁尼生的妹妹艾米丽订婚了。他也是丁尼生在剑桥大学最亲密的朋友，两人都是剑桥秘密社团“使徒社”（the Apostles）的成员。他们的友谊既亲密又热烈，但不管是明面上还是私底下他俩都不是同性恋。在弗洛伊德理论出现之前，那时的人们比我们现在要幸运，因为他们能够自由地承认对同性或异性的“爱”，那时候还没有观点认为所有的爱都必然源于性。1833 年 9 月 15 日，哈勒姆在维也纳意外去世。死亡原因可能是蛛网膜下腔出血，由血管畸形或颅内动脉瘤破裂导致中风。哈勒姆去世时年仅 23 岁。

与艾米丽不同，阿尔弗雷德表面上没有被哈勒姆的死压垮，但他心里可能有着同样深刻的感受，等到艾米丽恢复过来的时候，他还是久久沉浸其中。虽然每天还在正常地过生活，但他已经失去了立足现实最重要的支柱。唯一仅存的自救手段就是诗歌，他把它当作麻醉药，让存在暂时失去意义。[8]

美国传记作家罗伯特·伯纳德·马丁（Robert Bernard Martin）引用“麻醉药”一词可能是源于丁尼生在《悼念集》中的那句诗：

但对不平静的心灵和脑，
有节律的诗句有个用途，
这哀哀劳作使痛苦麻木——
虽然机械却可充麻醉药。[9]

任何一种工作都可以减轻失去带来的痛苦，这可能是真的。英国作家罗伯特·伯顿（Robert Burton）在《忧郁的解剖》（*The*

Anatomy of Melancholy）一书的开篇给读者的序言中这样写道：

> 我写忧郁，是为了使自己无暇忧郁。忧郁的种种成因中，当以闲散为最，而正如拉西斯（Rhasis）㊀所说，“最佳的疗法莫过于忙活”。[10]

创作诗歌不仅可以让深陷痛苦的人暂时麻木，还可以帮助他们重拾生命的意义，让他们找回处理事物的能力。马丁教授说，丁尼生在遭遇失去的痛苦以后写了《悼念集》，此外他还写了许多其他的杰出诗歌。马丁教授列举了《尤利西斯》(*Ulysses*)、《提瑞西阿斯》(*Tiresias*)、《亚瑟之死》(*Morte d'Arthur*)、《哀悼者》(*On a Mourner*)、《圣西蒙·斯泰赖茨》(*St Simeon Stylites*)以及诗剧《莫德》(*Maud*) 中的《那是可能的》(*O that 'twere possible*)，这些作品也是如此诞生的，他还特别提到作品对丁尼生的“治疗效果”，而且很愉快地表明，他发现这个创作过程不仅仅是为了让人麻木，还有其他意义。

丁尼生的例子特别显著，在他身上可以看到遗传禀赋如何与环境相互作用而产生抑郁。丁尼生的祖父是个情绪反复的人，时而暴怒，时而自怜。这种不稳定的性格可能与他五岁丧母有关。丁尼生祖父的四个孩子中，年长的两个是女孩。长女伊丽莎白通常都比较快乐，但“她的健康状况比不上她的精神状态，她生病的时候有时会患抑郁症”。次女玛丽是个“阴郁的、几乎带着恶意的加尔文主义者，她为自己成为上帝的选民感到既高兴又伤悲，还试图为自己的家庭遭受的诅咒而忏悔”。[11]

㊀ 又称拉齐，波斯医生、哲学家和自然科学家，代表作有《曼苏尔医书》《医学集成》。——译者注

第三个孩子是丁尼生的父亲乔治·克莱顿·丁尼生（George Clayton Tennyson），他是一名精神严重失常的牧师，不仅患有复发性抑郁症，还患有癫痫，而且酗酒、鸦片酊成瘾。第四个孩子查尔斯比其他几个孩子精神都要稳定，但患有癫痫，查尔斯有个儿子也患有癫痫。

乔治·克莱顿·丁尼生有12个孩子，其中诗人阿尔弗雷德·丁尼生排行第四。老大夭折于襁褓之中。其他幸存的10个兄弟姐妹中，有一个几乎一生都在精神病院度过，据称是死于躁狂症导致的精力枯竭。“另一个兄弟患有某种精神疾病，几乎丧失行为能力；有一个兄弟鸦片成瘾，还有一个兄弟酗酒严重，这个大家庭里的其他成员，在漫长的一生中多多少少都有过严重的精神崩溃”。[12]

诗人的兄弟之一塞普蒂默斯·丁尼生（Septimus Tennyson）反复住进马修·艾伦（Matthew Allen）博士位于英国高滩（High Beech）的精神病院，诗人约翰·克莱尔（John Clare）也曾是那里的患者。阿尔弗雷德·丁尼生本人也在那里待过，但不清楚是不是患者身份。毫无疑问，他的一生反复遭受抑郁症的折磨。他还是烟民和酒鬼。马丁教授在后面一段文章中再次提到诗歌对缓解丁尼生抑郁症和疑病症所起到的作用。

在追求诗歌的和谐性和象征性语序的创作过程中，他能够享有某种片刻的统一和完整，并将其用在自己的生活中，一直持续到他去世。[13]

马丁教授道出了创造力给精神错乱者的生活带来的深刻影响，这一深刻而重要的描述远远超出了他先前关于诗歌充当麻醉药的说法。我相信，追求秩序、统一和完整对于任何一种性格的人来说都是极其重要的生活驱动力。想象的渴求一定程度上活跃于每个人心里。但是内在的不和谐越强，寻求和谐的动力就越大，要是一个人有天赋的话，那么他“创造”和谐的动力越大。这就是为什么爱德华·托马斯会发出本章开始处的那个疑问：治疗抑郁的同时是否也会削弱他写作的动力。

同样的情况还出现在费利克斯·门德尔松（Felix Mendelssohn）身上，他在遭遇丧失之痛时也转向了创作。他的姐姐范妮·门德尔松（Fanny Mendelssohn）几乎和他一样音乐天赋超群。他们彼此感情深厚，以至于亲友都开玩笑说，他们应该结婚。1847 年 5 月 14 日，范妮猝然离世，享年 41 岁。虽然门德尔松早在十年前就结婚了，但姐姐去世的消息还是让他痛彻心扉，读完来信便昏厥过去，而且似乎再也没能从悲痛中恢复过来。等到身体稍微恢复可以出门旅行时，门德尔松和家人一起前往瑞士度假。正是在那里，他创作完成了生命里的最后一首室内乐作品：《F 小调弦乐四重奏》（*Quartet in F minor*，op.80[㊀]），以此纪念姐姐范妮。对于这首作品，有人评论它激情澎湃，有人说这是他室内乐作品中感受最为深刻的一首，还有人表示这可能预示着门德尔松迈入作曲生涯的新阶段。然而，命运并没有给他足够的时间来完成哀悼。仅仅数月之后，1847 年 11 月 4 日门德尔松逝世。姐弟俩可能都是死于蛛网膜下腔出血，与 13 年前亚瑟·哈勒姆一样死于中风。

㊀ op 或 opus，拉丁语“作品”的意思，大概起源于 17 世纪初，是出版音乐乐谱的出版商为区别同一作曲家的不同作品做的标记。——译者注

这两个例子都属于成年以后丧失亲友转而创作的情况。也有很多人是在幼年丧亲，而后通过创作疗愈。

安德鲁·布林克（Andrew Brink）是麦克马斯特大学（McMaster University）的英语系教授和精神病学系客座学者，他将客体关系理论应用于诗歌创作研究并著书两本：《丧失与象征性修复》（*Loss and Symbolic Repair*）[14]、《创作以修复》（*Creativity as Repair*）[15]。第一本书里研究了诗人考珀、邓恩、特拉赫恩、济慈和普拉斯。第二本书是第一本的续集，研究主题不变，研究范围更广。

另一位从同一角度研究诗歌的文学学者是大卫·奥尔巴赫（David Aberbach），著有《比亚利克和华兹华斯的失去与分离》（*Loss and Separation in Bialik and Wordsworth*）[16]、《开锁的把手》（*At the Handles of the Lock*）[17] 以及其他同一主题的论文和书籍。两位作者的观点都值得详细阐述，在本书展开似有不妥，但我已然借用了他们的研究，所以在此我愿向他们欣然致谢。

布林克研究的诗人之一是威廉·考珀（William Cowper），英国传记作家戴维·塞西尔（David Cecil）也曾为考珀作传，即《受伤的鹿》（*The Stricken Deer*）[18]。考珀就是诗人当中的一个特别明显的例证，他的作品与其早年丧母密切相关。他也是一个躁郁症患者。正如我之前所指出的，我不同意早年丧亲是躁狂抑郁性精神病本身的致病原因，但我倾向于一种观点：这种丧亲之痛很可能会让人表现出这种疾病的遗传倾向，并且在疾病发作时使病情加重。

考珀生于 1731 年，父亲是一名牧师。母亲的家族与诗人约翰·邓恩（John Donne）的家族存在关联。[值得注意的是，记录表明邓恩也患有抑郁症；他四岁丧父；每当感到痛苦时，他就会有自杀的愿望；他写下了第一本辩护自杀无罪的英文作品：《双重永生》（*Biathanatos*）。那么，邓恩的家族和考珀的家族是否存在同样的遗传倾向，而早年丧亲又让这种倾向变为事实？]

考珀的童年似乎是田园牧歌般的，他和母亲的关系特别亲密。但是在他快六岁的时候，母亲去世了，他的世界也跟着破碎了。他这样写道：

> 我曾享受多么宁静的时光！
> 那些回忆多么甜蜜芬芳！
> 但他们留下了空虚的痛苦，
> 世界永远无法填补。[19]

母亲对他来说仍然是理想的化身。哪怕去世 47 年之久，考珀在给朋友的信里还是这样写道：

> 我可以真诚地说，没有一个星期（或许我也可以诚实地说是，没有一天）我不在想她。[20]

1790 年，他写了《收到母亲的画像》（*On the Receipt of My Mother's Picture Out of Norfolk*）这首诗，布林克称这是他最感人的作品之一。他把画像挂在卧室里，这样他晚上睡前最后一眼看到的就是这张画像，早上醒来第一眼看到的也是它。在这首诗里，考珀写下了画像如何唤醒了他当年的丧母之痛，又如何激发了他的想象力，给他带来暂时的安慰；这个例子恰好说明了创作既能表达失去的痛苦，又能帮助当事人抚平伤痛。

虽然那面容唤醒我思念母亲的伤心，
想象却为我施展魔力让我逃离——
将使我沉浸在天堂般的幻想里，
在这短暂的梦中，她就是你。

考珀给这首诗的结尾是：

想象的翅膀还能自由飞翔，
我能看到这张像极你的画像，
岁月神偷也只成功了一半——
偷走了你的身体，你的力量停留抚慰我至今。[21]

母亲去世之后，考珀被送到了一所寄宿学校，在那里他受到残酷的欺凌。考珀非常害怕欺凌他的领头人，他说他只能通过这人穿的带扣的鞋子认出他，因为他根本不敢正视这个人。后来，他被送到威斯敏斯特公学，这次还算不错，没有先前那么痛苦。1752 年，他 21 岁，进入了中殿律师学院（Middle Temple）。几个月后，他患上了严重的抑郁症。1763 年，他又经历了一次发作。他写了一首令人惊骇的诗，生动描述了我们在第 7 章提到过的一种现象，即抑郁症发作期间，敌对情绪向内发起的强烈自我攻击。

精神错乱期间所写的诗

仇恨和复仇，我永恒的部分，
几乎再也不能忍受行刑延误半分，
一切就绪，迫不及待，只等立刻
抓住我的灵魂。

该死的犹大：比他还要招恨，
区区几个便士就把他的圣主卖人。
两次背叛，耶稣视我为，最后一个罪人，
亵渎神圣最甚之人。

我被人否认，被神否认：
唯有地狱或能庇我于厄困；
因此，地狱把她那永远饥饿难耐的大口
张开欲将我吞。[22]

深陷抑郁中的他感受如此强烈，也难怪他会试图用鸦片酊毒死自己，还试图上吊自杀，不过都没有成功。他在 32 岁时经历过一次狂躁症发作。他在狂躁发作时体验到了极乐状态——和解、宽恕和喜悦充盈心灵的超凡瞬间。他试图通过求助上帝来弥补丧母之痛。

他还在沉思自然中找到了安慰，但是当他变得极度沮丧时，这种方式也帮不了他。

这波光粼粼的溪流，那繁茂伸展的松树，
还有那些随着微风摇曳的桤木，
比我受伤少的灵魂也许能被它们安抚，
还能被取悦，如果有什么可取悦之处。

但是这固执不变的烦忧，
无法放弃她内心的感受，
处处都显露同样的悲愁，
破坏了这季节风景独秀。[23]

能够从理性上意识到美，却不能从感性上欣赏到美，这是抑郁症的一个典型特征。柯勒律治在《消沉颂》（*Dejection*：*An Ode*）中便表达了这种识而不得的失落。

头顶的薄云，成片成缕，
将它们的运动显示给星星；
那些星星，在它们身后或之间滑行，
一时闪烁，一时又模糊，但总能看见：
那边的月牙，固定不动仿佛生在
它自己无云、无星的蓝湖中；
我看到它们全都无比美好，
我看到，而不是感到，它们有多么美丽[24，㊀]

本章前面提到过，那些早年丧亲的人会倾向于在后来依恋的人身上寻找逝去父母的身影。考珀曾与多位女性形成了依恋关系，但从未结婚，可能是因为他担心最初的丧亲之痛或再次重演。多年来，考珀一直由比他年长的已婚女士安文夫人照顾。安文夫人的丈夫去世以后，两人同意结婚，但1772～1773年，考珀的抑郁症再次复发，病症发作时他产生了一种错觉，认为每个人都恨他，包括安文夫人，于是两人没能结婚。

后来因为他所依赖的其他朋友去世或者搬走，考珀的抑郁症又多次发作。例如，1787年1～6月，一名经常与他通信的男性朋友去世，还有一个重要的女性朋友搬去别处，导致他在那段时间一直处于抑郁状态。然而，当他处于诗歌创作的最高峰时，他似乎能长时间内保持乐观状态。

㊀ 摘自周琰译版。——译者注

我们在前文中提到，布朗和哈里斯研究指出，无助感会伴随抑郁症反复发作，特别是当抑郁症与幼年丧母有关的时候，关于这一点考珀为我们提供了很好的例证。戴维·塞西尔在为考珀所作的传记中这样指出：

> 阻碍考珀康复的最强大力量之一就是他对邪恶持有的宿命般的屈服；这也是受他的生活习惯影响。多年以来，他整个人必然是完全服从于周遭变迁的，不作为、不反抗。[25]

但是当考珀发现自己可以写作时，他克服了无助感，克服了原来以为自己无法与邪恶力量做斗争的念头，在他陷入抑郁的时候，他认为这些邪恶力量是不可控的。他的朋友奥斯汀女士（Lady Austen）总是鼓励他多做点新创作。鼓励抑郁的人做些什么，是有风险的。因为需要在适度同情和过分激励之间把握微妙的平衡。表现得过分同情可能会使抑郁者更相信自己是无助和绝望的，而过分积极鼓励又会使抑郁者感到自己内心深处的绝望无人能懂。

在这方面，奥斯汀女士似乎做得恰到好处。她建议考珀尝试创作无韵诗，考珀回答说没有主题可写。“那就写沙发吧”，奥斯汀女士说，于是他就写了。这就是他的代表诗作《任务》（*The Task*），长达数千行，考珀在诗中倾诉了他对人类生活的所有感受。他也意识到写这首长诗对他起到了疗愈的作用。

> 他关注内在的自我，
> 有自己的心灵，努力把心维持；还有思想
> 抱有渴望，然后将它满足，还要去寻求
> 一种社会生活，而不是荒唐人生；

有事可做；觉得自己在努力实现目标

什么事都有它重要性，哪怕只是一个安静的，任务。[26]

既遭受丧亲之痛又历经重度抑郁反复发作的诗人不止考珀一个。前面我们提过，约翰·邓恩4岁丧父，而且多次企图自杀。威廉·柯林斯（William Collins）、塞缪尔·柯勒律治（Samuel Coleridge）、埃德加·爱伦·坡（Edgar Allan Poe）、约翰·贝里曼（John Berryman）、路易斯·麦克尼斯（Louis MacNeice）和西尔维娅·普拉斯（Sylvia Plath）都在12岁之前失去了父亲或母亲，而且经证实都受过抑郁症的折磨。柯勒律治鸦片成瘾；爱伦·坡间歇性酗酒，还服用鸦片酊，甚至可能产生了依赖；麦克尼斯也酗酒，而贝里曼和普拉斯都自杀了。

要说早年丧亲并有反复抑郁的诗人，可能还要加上米开朗基罗。人们有时会忘记，除了绘画以及创作了世界上最伟大的几件雕塑以外，米开朗基罗还写了300多首诗。米开朗基罗的母亲在他6岁那年去世。他曾在十四行诗里表示，自己一生都深受抑郁症之苦。米开朗基罗的同性恋倾向是得到证实的。奉行自我惩罚的禁欲主义可能对他的抑郁症造成了影响。值得注意的是，他的母亲生有五个儿子，只有一个结了婚。

在部分例子中，遗传因素对抑郁症的影响是显而易见的。父母自杀也是早期丧亲的一种形式。约翰·贝里曼的父亲在他11岁时开枪自杀；贝里曼本人于1972年1月7日从密西西比河的一座桥上跳河自杀，享年57岁。

路易斯·麦克尼斯的母亲在他5岁半时患上了严重的激越性抑郁。她于1913年8月住进了一家疗养院，此后孩子们再也没有见过她。1914年12月，她在医院病逝。

麦克尼斯的姐姐认为，母亲在花园小径上哭着走来走去的记忆一直萦绕在他心头，直到生命的最后。和其他很多有抑郁倾向的天才一样，路易斯·麦克尼斯成了一个酒鬼。

有的诗人也经历了早年丧亲，但他们没有受到抑郁症折磨，或者说没人知道他们是否患过抑郁症，又或者他们的情况还没明显严重到精神疾病的范畴。这些诗人包括约翰·济慈（John Keats）、托马斯·特拉赫恩（Thomas Traherne）、威廉·华兹华斯（William Wordsworth）、斯蒂芬·斯彭德（Stephen Spender）、塞西尔·戴·刘易斯（Cecil Day Lewis）和乔治·戈登·拜伦（George Gordon Byron）。

斯蒂芬·斯彭德在自传中记录说，他的母亲是个半病残者，母亲身体不佳给他的童年蒙上了阴影。她还是个精神不稳定的癔症患者，经常容易情绪激烈、动作夸张。也许这能够解释为什么他的母亲在他年仅12岁时去世，他却这样写道：

如果要说母亲去世给我的真实感受，那就是感到负担减轻，令人兴奋不已。[27]

我们在考虑丧亲之痛和抑郁症的影响时，有一点需要记住，丧亲未必完全是悲剧！

拜伦肯定是个精神不稳定的人，因为他表现过极大的情绪波动。在第3章中，我们提到济慈对死亡十分着迷，这并不奇怪。济慈8岁丧父，14岁丧母；6岁时一个兄弟夭折，23岁时弟弟病逝。外祖父在他9岁时去世；外祖母在他19岁时长辞。他13

岁时一个叔叔去世。济慈在一封信中写道：

> 在那么多的日子里，我从未体验过任何纯粹的幸福：总是有人死亡或生病，打乱了我的时间。[28]

也许这些诗人的家族没有抑郁症的遗传倾向，我们假设他们的抑郁症是由丧亲之痛激发的，或者在丧亲的共同作用下引发了严重的抑郁症发作。

不过，丧失之痛往往会在他们的诗歌中留下明确的主题。华兹华斯8岁丧母，13岁丧父。犹太诗人哈伊姆·比亚利克（Chaim Bialik）7岁时失去了父亲。两人都遭受了家庭破裂的痛苦。大卫·奥尔巴赫将二人的作品做了对比研究，他在论文中写道：

> 在华兹华斯和比亚利克的诗歌中，许多显著的特征都反映了遭遇失去亲人和家庭破裂的影响：萦绕不去的存在和对象，有时很明显是父母或父母形象；对失乐园的向往，对喂养的强调，与自然融合的主题，整体氛围上的孤立、遗弃、抑郁和内疚，最后还有敌意。他们的诗歌主要表达的“浪漫”特质——对自我的探索——可以被视为一种尝试，尝试支撑起因童年丧亲及后续的不稳定情绪而变得脆弱的自我。[29]

托马斯·特拉赫恩的母亲大概在他4岁的时候就去世了。尚不确定其父亲当时是否也已辞世，但特拉赫恩和弟弟是由亲戚抚养的，也就是说实际上他失去了双亲。安德鲁·布林克对特拉赫恩也是类似的看法，他认为特拉赫恩在作品中把自然和童年理想化，是为了追求从未有过的幸福。人们通常认为特拉赫恩的诗歌着眼于幸福和神圣之爱，但是布林克指出，他的诗也记录了害怕和恐惧的时刻。布林克得出的结论是：

> 特拉赫恩的诗歌和散文传递了重生主义，即实现从不满的生活状态到更美好的人生的自我改变。[30]

布林克还阐述了特拉赫恩对外部客体的依赖，以实现他所寻求的幸福的统一感。

> 特拉赫恩的艺术作品的非凡之处就在于内心渴望获得的客体，将无限量的自然客体动人地呈现给内心意识。与客体融合的渴望，想要获得它们的冲动一直在不断涌现，只为实现心灵的满足，这种渴望和冲动几乎出现在他所写的每篇文章中……即使是最普通的天空、最平常的树木，也可以使特拉赫恩的灵魂欣喜若狂，只要他为这种体验做好了准备。[31]

和布林克一样，我也倾向于认为这与特拉赫恩内心深处缺乏“好的客体”有关：他在幼儿时期未能享有母爱，所以无法从内心持续获得自尊的源泉。

我们在第 4 章中提到了罗马哲学家波爱修斯的作品，他将哲学比作天上的女神，为他带来智慧。她极力劝告波爱修斯，依赖外部客体获得幸福充满了风险和幻觉。在揭露了财富和以宝石为乐的空虚之后，她接着说：

> 或许，你还在乡野之美中找到愉快。创世的确是优美的，而乡野是创世的一个部分。同样，有时候我们欣赏十分平静的大海的景色，惊喜仰望高空、众星、太阳和月亮。然而，全部这些造物中没有一件和你有关，你也不敢因为这些造物的辉煌而感到得意……实际上，令你欣喜的欢乐是空洞的，你拥抱的祝福看似

属于你，实则与你无关……从所有这些事实来看，显然，在你列入你的福祉之中的这些事物中，事实上没有一项是你自己的福祉……看来你是感觉你自身之内缺少福祉，这一点驱赶你在不同的、外在的事物中追求你的福祉。[32，㊀]

表面上属于现代的精神分析理念，即内摄“好的客体”或“福祉”，显然在公元6世纪就已经为人熟知。根据哲学的观察，华兹华斯和特拉赫恩对自然的着迷和敬慕呈现出与普通的快乐截然不同的一面。

如前所述，抑郁倾向和早年丧亲是两个独立变量，但是前者存在的情况下，后者会增强前者及其严重性。早年丧亲的经历的确在作家中很常见，但没有经历过早年丧亲的作家身上也经常出现临床上抑郁症的严重症状，可能会伴有躁狂症状。除了前面已经提到的人以外，反复经历抑郁的诗人还包括克里斯托弗·斯马特（Christopher Smart）、约翰·克莱尔（John Clare）、杰拉尔德·曼利·霍普金斯（Gerard Manley Hopkins）、安妮·塞克斯顿（Anne Sexton）、哈特·克莱恩（Hart Crane）、西奥多·罗特克（Theodore Roethke）、德尔莫尔·施瓦茨（Delmore Schwartz）、兰德尔·贾雷尔（Randall Jarrell）和罗伯特·洛威尔（Robert Lowell）。在这些诗人中，斯马特、克莱尔、塞克斯顿、克莱恩、罗特克、施瓦茨、贾雷尔和洛威尔都接受过抑郁症治疗。斯马特和克莱尔进过“疯人院”；洛威尔经常因躁狂症和抑郁症去精神病院。克莱恩、贾雷尔和塞克斯顿都自杀了。

㊀ 摘自杨德友译版《哲学的慰藉》。——译者注

很少有相关方面的客观研究，而现有的那些研究必然是基于少量数据。1974 年，神经精神病学家南希·库弗·安德烈亚森（Nancy Coover Andreasen）和亚瑟·坎特尔（Arthur Canter）博士对参加艾奥瓦大学作家研讨会的一群作家进行了研究。受访作家的情感性疾病（即严重的复发性抑郁症或躁郁症）患病率远高于与之匹配的对照组：分别是 67% 和 13%。在 15 位作家中，有 9 位看过精神病医生，8 位接受过药物或心理治疗，4 位入院治疗。其中，两位作家曾同时患有躁狂症和抑郁症，8 位只患过复发性抑郁症，6 位有酗酒症状。其中有一位在该研究完成两年后自杀。遗传因素的重要性可以从以下事实得到证明：在作家的亲属中，21% 的人患有明确的精神疾病，通常是抑郁症，而对照组亲属的相应比例只占 4%。[33]

最近一项研究挑选了 47 名获得过重大奖项的杰出英国作家和艺术家进行分析，美国心理学家凯·雷德菲尔德·杰米森博士（Kay Redfield Jamison）发现，其中有 38% 的人曾因情感性障碍接受治疗。诗人特别容易出现严重的情绪波动，研究样本中有至少一半的人曾在门诊接受过药物治疗，或入院接受抗抑郁药物、电痉挛疗法或使用碳酸锂治疗。[34]

处于躁狂或极度抑郁痛苦中的人通常无法创作出任何有价值的作品。躁动不安、无法集中注意力以及躁狂时的思维奔逸使持续工作根本不可能实现。思维过程迟滞、绝望感和无助感，认为做什么都没有意义，相信创造什么都没有价值，所有这些都会阻碍严重抑郁的人发挥创造力。

然而，这些精神疾病的患病倾向在创作型作家中尤为常见。这是一个悖论。但是如果我们认可这种倾向可以变为一种刺激，促使有患病倾向的人进行孤独、困难、痛苦且往往没有回报的自我探索，探索自己的深度并记录在探索过程中的发现，那么这种显见的悖论就可以化解。只要他能做到这一点，就可以避免精神崩溃。有证据表明，尽管许多富有创造力的人可能比普通人更容易出现精神紊乱，但他们同时也会拥有更多的内心力量，可以帮助他们克服冲突和问题。在治疗创造性人群方面经验丰富的精神病医生知道，只有当他们的创造力瘫痪时，他们才会寻求帮助。

前面我们已经了解到，外向型的人可能会因为过度适应他人而迷失自我，他们能够在孤独中恢复和表达真实的自我。我们还了解到，由于因为早年的分离和孤立而发展受阻的人可以在想象力的运用中找到慰藉。

现在，我们可以进一步判断，创作过程可以用于保护个体不被抑郁症压垮，可以帮助失控的人重新获得掌控感，还可以从不同程度上实现对受损自我的修复，造成自我受损的原因可能是丧亲之痛，也可能是对人际关系丧失信心，这通常会伴随不同原因导致的抑郁症同时出现。

再强调一次，抑郁是个人经历的一部分，这一点很重要。每个人在经历失去之后出现的抑郁，和被诊断为精神疾病、需要精神治疗的抑郁，二者之间并无明确界限。抑郁症在强度和严重程度上差别很大，但本质上大抵相同。

天赋异禀的人都有自己的才能，这种才能可能会在经历失去以后被激活，而后在追求长久的兴趣中表现出来。由失去所激发而创作的音乐、诗歌、绘画或其他作品可能会给遭受类似痛苦的人带来更多的理解和安慰。

但是，这并不意味着没有天赋的普通人没有内在力量或想象的力量，也不是说创造性反应只会由失去引起，只是说存在这种可能。诗歌不能代替人。即使是那些把诗歌拔高为替代品的作家，包括本章提及的某些作家，他们对人类运用想象的能力也没能完全展示出来。因失去而激发的创造性反应只是人类运用想象力的表现之一。只有那些将人际关系提升到人类价值层次中理想位置的人，才会认为创造力只不过是人际关系的替代品。

Solitude
A Return to the Self

第10章

寻求一致性

我不让自己受到影响，这就很好。

——路德维希·维特根斯坦

（Ludwig Wittgenstein）

在前两章中，我们主要关注的是富有创造性的人，他们的创作部分是源自失去或分离。在抑郁症的刺激下，他们努力创造想象的世界，以此补偿生活中的缺失，修复所遭受的伤害，恢复自己的价值感和能力感。由于他们主要关注人际关系，并努力通过创作来恢复缺失的东西，因此这些人中有很多可以被描述为以外向型为主，不过他们往往会比外向型人更关注自我。根据霍华德·加德纳的分类，我们将这些人归为“故事人”，而不是“模式人”。当他们退回到孤独中去追求创作时，他们的作品里会经常出现这样的因素：希望能恢复与另一个人的某种幸福融合，或用自然来替代人，实现与自然的融合。

然而，萨基（第 8 章讨论过）和卡夫卡（第 7 章结尾处概述过其部分性格特质）不属于或者说不完全属于这一概括的说法。两位都是小说家，但他们笔下的故事几乎与亲密的人际关系毫无关联，而且两人在现实中都没有建立过任何长期的亲密关系。

然而，萨基的日记表明，尽管他可能因为早年的丧亲之痛和童年经历受到伤害，但他确实与自己喜欢的年轻男子或男孩有过很多性接触。虽然萨基不可能被认为是一个偏向外向型的人，但他的性格也有外向的一面，他在伦敦的社交生活就有所体现，他讽刺上流社会，对其又不乏喜爱，在前往可怕的一战西线战场之前，他很享受军营里的生活。

尽管卡夫卡受到朋友们的喜爱和尊重，但他属于病理性的内向人格：精神分裂症，这是大多数精神科医生会给出的判断。他有过几次短暂的性接触，但他认为自己最深的情感投入几乎完全限于书信往来。他只在生命的最后一年做到了与一名女性真正生活在一起。

本章我想就另外一些具有创造力的人展开探讨，他们主要关心的不是人际关系，而是对一致性和意义的探索。这些人与荣格所描述的内向者、哈德逊所描述的收敛者和加德纳所描述的模式人一致；如果出现明显异常或精神紊乱，则会被精神病学家归为精神分裂症。

正如我们所看到的，几乎所有富有创造力的人都会在成年以后表现出一定程度的对他人的回避和对孤独的需要。但是我想到的这些人的表现远不止这些。从表面上看，他们的人际关系似乎比第9章提到的一些诗人要好一些，但这往往是因为不同于外向者和卡夫卡所代表的精神分裂型人格，他们学会了放弃对亲密的需求。当人际关系出现问题时，他们不会感到特别不安，因为与大多数人相比，生命的意义与亲密关系的联系对他们来说并没有那么紧密。

我们暂时做个假设：我刚才提到的这类人在婴儿时期表现出了“回避行为”，然后我们先认同回避行为是一种旨在保护婴儿不出现行为混乱的反应机制。那么，如果我们把这个概念转移到成年以后的生活就能看到，一个回避型婴儿长大成人以后很有可能会是这样：他的首要需求是在生活中找到某种意义和秩序，这种意义和秩序不完全或并不主要依赖于人际关系。此外，这样的人可能会觉得有必要保护自己的内心世界，因为在这个世界中，对意义和秩序的探索可以正常进行，不受其他人的干扰，而其他人会被视为一种威胁。思想就像脆弱的植株，如果过早地被端详就会枯萎。

我在之前的一本书中强调过人格成熟过程中人际关系的必要性。其中有一章叫作“人格的相对性”，强调了人格是一个相对的概念。

如果我们所说的人格是指一个人“独特的个人性格”，那么我们必须认识到，只有通过与其他个性做对比，我们才能设想人格这样一个实体的存在。[1]

我接着写道：

如果没有另一个人与自己做对比，人们甚至无法开始意识到自己是一个独立的个体。一个人单独存在，只谈自己，那么他可以算作一个集体人，所谓个性无从谈起。人们经常会说，独自一人时，他们才是最真实的自己；特别是有创造力的艺术家，他们可能会认为正是在独立表达艺术的象牙塔中，他们实现了内心深处的完满。他们忘记了艺术就是交流，他们在孤独中创作的作品，无论是含蓄的还是外放的，其实都是有针对对象的。[2]

我仍然相信这个观点，但我还想补充一点，即孤独个体实现人格成熟和整合的程度比我想象的要高。伟大的内向型创作者能够定义个性并通过自我参照（self-reference）达到自我实现，也就是联系自己过去的创作，而不是与其他人互动。

对于一个孩子来说，这显然是不可能的，因为他必须与人和事物互动，才能逐步确定自己的身份。据我们所知，意识到自己是一个独立的人，这是个循序渐进的过程。我们可以想象婴儿开始接触外部世界的物体，比如用他的小脚趾触碰婴儿床的一头。随着婴儿逐渐学会使用四肢并控制运动，婴儿将获得四肢所处的空间位置等本体感信息，从而获得自身大小的信息。我们在第 4 章中提到过，因为医疗固定或审讯过程中强制固定姿势而导致四肢运动失去本体感信息，是打破自我定义界限的一种强大力量。

婴儿还必须意识到自己与外界是分离的，因为他需要别人的照顾，需要喂食、保暖、清洁等。除非婴儿的需要立即得到满足，否则在意识到需要和满足需要之间必然有一段间隔时间，婴儿会以大声哭喊为信号，既能唤来帮助，也能暗示自己，“外面”有什么东西或什么人可以提供自身无法提供的东西。在生命之初，自我定义（意识到作为一个独立的人存在）以及发展身份一致性必须依赖于婴儿与母亲或母亲替代者之间的互动。一般情况下，与他人的互动能够帮助大多数人实现自我定义，发展一致性，而且会贯穿生命始终。

海因茨·科胡特（Heinz Kohut）是近年来最具独到见解的精神分析学家之一，他对神经症和神经症治疗的观点便是基于与上述类似的概念。他认为，发展一个健康、安全、一致的人格结构，首先取决于孩子反复经历科胡特称为“共情共鸣的自体客体”的认可和支持。也就是说，孩子需要与父母或代表父母形象的人互动，他们可以强化孩子的自体意识，因为他们能够认识并反映孩子发展中的真实身份，共情孩子的感受，以“没有敌意的坚决和不含诱惑的深情”回应孩子的需求，既不会以攻击性的态度拒绝孩子的要求，也不会不加区别地同情和让步于他们。[3]

科胡特认为这种强化需求是长期持续的。

自体心理学（科胡特对既存精神分析理论修正以后的理论体系名称）认为，自体－自体客体关系构成持续一生的心理生活的本质。在心理空间中，从依赖（共生）进展到独立（自主）不再是不可能的，更不要说是值得的，就像在生物学空间中，生命体不可能从依赖氧气的生活发展为不需要氧气的生活一样。在我们看来，表征正常心理生活的发展必须体现在自体与自体客体之间关系的不断变化中，而不是表现为自体对自我客体的放弃。特别是发展的进步不能被理解为用爱的客体代替自体客体，也不能被理解为从自恋发展为客体爱的过程。[4]

科胡特认为，一个人所能经历的最深的焦虑是他所说的“崩溃焦虑”（disintegration anxiety）。他认为有这种倾向的个体，是因为童年时期父母对他们的不成熟反应，或者因为父母缺乏共情理解，而使个体没能建立起强大而一致的个性。

有人可能会把科胡特的观点比作照镜子。一个清晰干净、打磨光亮的镜子能够反复照出发展中的人的真实相貌，从而让他对自己的身份有一种坚定而真实的感受。相反，破裂肮脏、污迹斑斑的镜子照出的是模糊不完整的图像，这会给孩子一种不准确的、扭曲的自我形象。

在第 7 章中，我们提到了行为混乱的威胁，它会导致婴儿回避拒绝自己的母亲。这一观点与科胡特的观点异曲同工，他认为那些丧失自体客体的人会感受到崩溃恐惧的威胁。我们也可以将崩溃焦虑与精神分裂状态下对“内在自我”崩溃的恐惧做比较，后者在莱恩（R. D. Laing）的《分裂的自我》（*The Divided Self*）

一书中有很好的阐述。[5]如前所述，卡夫卡就是这样一个例子，作为一个精神分裂症患者，他觉得保护内在自我的能力受到亲密关系的威胁。

科胡特还认为，精神分析的治疗效果取决于精神分析师能否对患者产生理解和共情，让患者能够发展出他在童年时没能发展的内在一致性。

这种治疗理念在某种程度上与弗洛伊德最初提出的理念相去甚远。弗洛伊德的治疗模型本质上在于认知，取决于对童年早期创伤的重温和理解，更具体地说，就是取决于消除压抑和使无意识变成意识。

科胡特的治疗模型是基于移情的客体关系理论的变体。精神分析师的工作就是提供弗朗茨·亚历山大（Franz Alexander）说过的“矫正性情绪体验”（corrective emotional experience）。因为精神分析师能够理解并共情患者的经历和感受，所以他反复强化并修复患者受损的自我。

科胡特提出了一个重要的观点，即精神分析师所持的理论立场对治疗的决定作用比分析师所想的要小。也就是说，如果精神分析师能够充分理解他的患者，并将这种理解传达给患者，那么治疗就可以继续进行，无论精神分析师是偏好克莱因理论，还是弗洛伊德或荣格理论。

科胡特强调自体－自体客体关系是贯穿一生的心理健康必不可少的东西，这与我们在第 1 章和第 2 章中讨论的鲍尔比和马里斯的观点是一致的；也就是说，仅凭亲密依恋或特定的充满爱的关系就能赋予一个人生命的意义。科胡特的立场也与费尔贝恩的立场相似。费尔贝恩为情感发展的最后阶段引入了“成熟依赖”（mature dependence）一词，还认为完全自主既不可能，也不可取。正如诗人 W. H. 奥登（W. H Auden）所说，“我们必须相爱，否则只有死去”。[6]

费尔贝恩和科胡特都对精神分析理论做出了有价值的贡献，但如果他们所说的“客体”总是指代人的话，那我要怀疑他们在这一点上是否正确，而他们似乎就是这个意思。客体关系理论这个术语现在已然深入人心，不可能摒弃，但它对“客体”一词存在不当使用，正如查尔斯·里克罗夫特（Charles Rycroft）在《精神分析批判辞典》(*A Critical Dictionary of Psychoanalysis*）中给出的明确定义：

> 在精神分析作品中，客体几乎总是表示人、人的部分或象征两者之一。这个术语会让读者感到困惑，因为他们所理解的“客体”通常表示“物体”，而不是指人。[7]

如果精神分析学家认为患者的大部分问题都源于他们早期“客体关系”的扭曲，也主要是通过自己与患者建立另一种形式的人际关系治疗患者，那么他们会认为客体关系是心理健康的唯一来源，这一点也就不足为奇了。我毫不怀疑，孩子与母亲及其他看护者之间的互动在早年是至关重要的，而且未来的心理健康以及成年以后与他人建立满意人际关系的能力部分取决于此。我也毫不怀疑，正如我们所看到的，早期关系的中断以及父母的敌意或拒绝会使孩子更倾向于非个人关系，或者更难获得人际关系。但我也说过，人们可以过上满意而充实的生活，不必非得依赖亲密关系，只要他们的生活中还存在某种关系，只要还有工作能激发他们的兴趣，支撑他们的自尊。

我相信，工作，特别是随着时间增加而不断变化、发展和深化的创造性工作能够为人格提供内部整合因素，而科胡特认为这种整合因素仅仅或主要来自他人的积极反应。

英国音乐学家杰罗尔德·诺思罗普·摩尔（Jerrold Northrop Moore）在给作曲家爱德华·埃尔加（Edward Elgar）所做的传记中写道：

与我们其他人一样，这位艺术家也被内心的各种欲望撕扯着。但与其他人不同的是，他把这些欲望都变成了一种元素，用在他的艺术中。然后他设法将所有元素综合在一起，形成一种风格。元素成功合成的标志就是形成一种统一而独特的风格，这种风格能被所有人识别。[8]

这样看来，风格是保持人格的不同部分相互平衡的纽带；按科胡特的主张来说，风格就是治疗师想要通过共情和理解帮助患者实现的一种整合因素，而有天赋的人也可以通过创作来自己实现。

如果在某些情况下，艺术作品、哲学体系或宇宙理论的创造和创立是为了修复作者早年遭遇的失去或后来在与他人的有益互动中遇到的困难，那么我们可以发现在某种意义上，一系列作品可以代表或替代“客体”。但认为人类的所有兴趣都是这样衍生的，那无疑是荒谬的。莫里斯·伊格尔（Morris N. Eagle）在重要论文《作为客体关系的兴趣》（*Interests as Object Relations*）中指出，精神分析理论没有公正地看待兴趣在人格功能中所起的关键作用。

传统精神分析理论在思考兴趣时，往往认为它们本质上是衍生物。因此，在“升华”——精神分析理论中关于兴趣发展的理解最为相关的概念——的过程中，兴趣是源于“本能转向与性满足无关的其他目标”（Freud, S. E. XIV, p.94）。也就是说，兴趣是从性目标转向“更高”追求的产物。根据这一观点，发展文化兴趣的能力取决于一个人实现升华或“释放”性能量的能力。[9]

这一观点仍然停留在信奉传统精神分析理论的分析学家心里，但它已经过时，不再符合我们所了解的人类发展的事实。即使是非常小的婴儿也会对能够带来新鲜视觉、听觉刺激的东西表现出相当大的兴趣，而这些刺激不可能是为了满足饥饿、口渴这种生理需求或者接触、安抚这种心理需求的。

在第 5 章中，我提到了温尼科特关于“过渡性客体”的概念，并表示“这种很早就表现出来赋予客体意义的行为，证明了人类并非只为爱而生”。事实也是如此，正如我们前面所提，安全依恋型的孩子最有能力离开母亲身边，去探索周遭环境及其包含的物品。因此，“兴趣”的最早体现不应被视为情感纽带的替代品，而是情感富足的最佳证明。

在第 4 章中我们看到，在极端情况下，比如单独监禁或集中营环境中，音乐、语言等兴趣或者对宗教或政治信仰的追求可以防止人的精神崩溃，进而避免死亡。伊格尔引用了一位作曲家的案例：

按照通常的精神病标准，他的精神状态相当失常。他经常妄想、多疑、长期过度警觉，表现出极端的情绪波动，出现过严重焦虑，据说还有类似幻觉状态。然而，在我认识他的 26 年里，他从来没有出现严重的行为混乱，也没有明显的精神病表现。我一直觉得，如果不是音乐天赋和激情在他的生活中起着关键的支撑作用，他的心理机能早就失调了。[10]

显然，音乐在这个人的生活中所扮演的角色与写作在卡夫卡生活中所扮演的角色如出一辙。我同意伊格尔的结论：

> 对客体的兴趣以及情感纽带的发展，不是力比多能量和目标的衍生或产物，而是发展的一个重要的独立面，它表达了一种与生俱来的倾向，即与世界上的客体建立认知和情感联系。[11]

因此，一个达到理想平衡状态的人应该既能从人际关系中也能从兴趣中找到自己生命的意义。虽然兴趣并非源于人际关系的失败，但我认为一些天赋异禀的人由于某种原因而没能建立亲密关系，他们的兴趣便可以发挥一些原本多由亲密关系实现的功能。

对于有创造力的人来说，创作最有趣的一个特点就是它会随着时间的变化而变化。真正富有创造力的人是不会对自己已有的成就感到满意的。事实上，这样的人在完成一个作品后往往会经历一段抑郁期，只有开始下一项创作，他才能从中解脱。在我看来，创造的能力为个体的独立发展提供了无可替代的机会。大多数人的发展和成熟主要是通过与他人的互动。我们的生命历程取决于我们相对于他人的角色，作为孩子、青少年、配偶、父母和祖父母。艺术家或哲学家能够主要依靠自己来实现人格成熟，他们的生命历程是由其作品的不断变化和日益成熟决定的，而非取决于他们与别人的关系。

在本章的前面我提到过，有些人特别专注于发现生活中的意义和秩序的需求，而这与人际关系无关。如果到目前为止的说法都是正确的，那么我们应该能够找到一些例子，就是一些有创造力的人，首先他们主要是内向的；其次，他们回避或难以建立亲密关系。有人可能会猜测，这样的人会特别关注独立发展自己的观点，还会注意保护自己的内心世界不受他人过早的审视和批评，也许还会比常人更不在意其他人的想法。我们还应该想到，这样的人会把创作而不是人际关系作为自尊和个人成就感的主要来源。

此外，我们应该还会发现，这类人里有一些会明显存在“神经质”，即不快乐、焦虑、恐惧或抑郁：换句话说就是，表现出因人际关系缺乏满足而出现的痛苦迹象，也就是客体关系理论家认为的神经症的根源所在。如果我的观点是正确的，也就是说客体关系理论家在这个方向上走得太远了，而且人际关系其实不是人类稳定和幸福的唯一源泉，那么我们就应该能够找到其他例子，他们不通过人际关系寻求满足，而是通过创作获得同样的稳定和幸福，程度一点不比依赖人际关系的普通人少。

刚好有一位哲学家满足上面列出的所有预期，他是世上最具独到见解也是最重要的哲学家之一。接下来在描绘伊曼努尔·康德（Immanuel Kant）人格的过程中，我参考了德·昆西对康德晚年生活的描述，[12] 以及本－阿米·沙尔夫斯泰因（Ben-Ami Scharfstein）在《哲学家生活与思想的本质》(*The Philosophers: Their Lives and the Nature of their Thought*）一书中提到康德的内容。[13] 虽然哲学家专业于阐述、驳斥和争论同行和前人的思想，但他们很少对自己的个性或传记表现出太多兴趣，而且可能会将这种兴趣视为无关、无礼或琐碎而不屑一顾。可以肯定的是，哲学体系成败系于自身，无关来源是谁。事实诚然如是，不过正如引言所说，西方世界许多最具原创性的哲学家不仅聪明非凡，而且在其他方面也与众不同。

1724 年 4 月 22 日，康德出生于东普鲁士的柯尼斯堡，并在那里度过了一生。家里总共九个孩子，康德排行第四，其中有三个孩子在襁褓中就夭折了。他的父亲是个马具匠，在他 22 岁时去世。母亲在他 13 岁时去世，他对母亲的爱和教导常感于心。

尽管康德对父母赞不绝口，但他完全自主的坚持似乎从很早就开始了，因为他向来无意将童年理想化，在他看来，童年时期不得不接受纪律约束，这样难免会限制儿童的自由，也未尝不是一种遗憾。事实上，他认为婴儿在出生时会哭，就是因为他们讨厌自己受到约束，无法善用自己的四肢。

不管纪律多么令人不快，对孩子们来说仍然是必要的。康德的想法不免有些严厉，他认为不该让孩子看小说，因为他担心阅读小说会助长浪漫幻想，不利于养成严肃的思想。他还认为应该教育孩子忍受贫困和反对，从而促进独立性的发展。

康德对独立的坚持是绝对的。根据英国哲学家伯特兰·罗素（Bertrand Russell）的说法：

> **再没有任何事情会比人的行为要服从他人的意志更可怕了。**[14]

康德认为，每个理性的人都是作为自己而存在的，这也是我们每个人应该对待彼此的方式。

康德的书信主要都是提出自己的哲学观点。除了休谟之外，他对其他哲学家多少缺乏尊重，他承认休谟对自己有很大的影响。康德的一名文书助理表示，康德难以认同他人的思想，是因为他无法从自己的思想体系中解脱出来。

康德有许多忠诚的朋友，他喜欢邀请他们共进晚餐，晚年的康德不仅款待大家慷慨大方，而且常常侃侃而谈、神采奕奕。然而，无论是男性还是女性，他都没有与他们建立任何密切的关系，不过事实上他对女性颇为欣赏，一直到他 70 多岁。他曾多次考虑结婚，但最后都没有尝试。尽管他对亲戚们都很大方，但他还是会小心地与他们保持距离。他有几个姐妹住在柯尼斯堡，但他有 25 年没见过她们。他在世的兄弟曾给他写了一封感人的信，惋惜他们分离异地，希望能与他团聚。后来对方又寄了一封，而康德花了两年半的时间才回复，信中说他太忙了，没有时间回复，但他会一直惦念这份兄弟情谊。

康德表现出了许多强迫性的性格特征。他的生活井然有序。仆人每天早上 4:55 分叫醒他，早上 5 点吃早餐，然后他整个上午都会写作或讲课。中午 12:15 分吃午饭。在他一生中的大部分时间里，晚餐后的散步时间都是精确固定的，柯尼斯堡的居民都可以据此来调时钟了。晚年的时候，因为每天都会招待朋友，所以他散步的时间肯定就变了，因为我们得知他有时候跟朋友聊天可能会持续到下午四五点。之后他会读书，一直读到晚上 10 点上床睡觉。

康德表现出了强迫性人群所具有的典型特征，他对自己无法立即掌控的事物感到不耐烦，难以容忍。这是他渴望摆脱别人强加的约束的另一个方面。晚年的时候，如果他晚饭后想要喝咖啡，那可容不得一点耽搁。他不能容忍餐桌上的谈话有一点中断，所以他会邀请各种各样的客人来家里，这样可以保证话题源源不断。他自己聊的话题就非常广泛。康德不仅在数学和科学方面见多识广，在政治领域也颇有见闻，这是他们餐桌讨论的主要话题。不过他很少谈论自己的作品，一方面肯定是因为谦虚，另一方面也可能是因为他不愿意将自己的想法在混乱嘈杂的餐桌谈话中敞开。

或许更奇怪的是，他很少或从来没有把话题引向自己创立的哲学分支。这样一来，他确实能够完全避免许多学者文人会有的失误，就是因为别人秉持的论点可能碰巧跟自己的有所冲突而无法忍受。[15]

康德对身体健康有着狂热的执着，不只是自己的，还有他人的。为了不出汗，他煞费苦心，还发明了一种每天只通过鼻子呼吸的技巧，因为只有这样他才能不得黏膜炎、不咳嗽。不仅如此，他甚至还拒绝别人陪他每天散步，这样可以防止因为谈话而不得不在户外用嘴呼吸。即使是天气最冷的时候，他的卧室也从不供暖，但他的书房总是保持在 24℃左右。

正如我们预料的那样，康德是个禁欲主义者，他从不过分沉迷于自己特别喜欢的东西，比如咖啡和烟草。他夸耀自己的健康，对医药特别感兴趣，听闻朋友生病时，他会为他们感到非常忧心，时时询问身体情况。可是一旦他们去世，他就不再为他们挂心，立刻恢复往日镇静。康德写道，对死亡的焦虑恐惧滋养了疑病症患者的幻想；但是在垂暮之年，他却对死亡做好了准备，顺从和无畏。

康德把自己的疑病倾向归因于胸部的扁平和狭窄。他承认自己有时会因为无端恐惧疾病而感到困扰，甚至变得抑郁和厌倦生活。然而，带有强迫性质的生活仪式似乎帮他有效抵御了抑郁倾向，他给人留下的印象是，中年以前的大多数时间都是平静而理性地愉快生活着。尽管康德确实表现出了神经质焦虑，但直到 79 岁去世前，他才再一次明显地感到不快乐。

很明显，他患了脑动脉硬化症。他对近期发生事件的记忆开始衰退，尽管他还能准确回忆起很久以前的事，也能背诵长长的诗篇。他的过度担忧越来越严重，如果有家具或其他东西从原来的位置被移走，他就会感到不安。他对电产生了奇怪的错觉，还把自己的头痛怪罪于电。他开始不愿意见生人，因为像许多脑动脉硬化性痴呆症患者一样，纵然对自己的残疾有清楚的理解，他也不愿意向别人透露自己智力的衰退。在康德生命的最后阶段，他被噩梦困扰，这也是脑动脉硬化常见的并发症状。

康德于 1804 年 2 月 12 日去世，离他 80 岁生日仅两个多月。因为他的盛名，柯尼斯堡举办了史上最为盛大的公开葬礼。

康德是一名大学教授，这种类型的教授在西方世界的老学院里很常见。尽管很难有人与他的天赋和成就匹敌，但老学院里有很多教员具有相似的个性和兴趣。那些对研究一丝不苟、痴迷成性的学者毕生致力于工作，人际关系只能排在第二位，他们觉得牛津大学和剑桥大学的生活特别具有吸引力。他们常驻学院，受到学校妥善的关照。对独处和个人研究的需求，在他们看来是理所当然的，同时，如果想要获得陪伴的话，只要不是家庭生活的情感需求，这个需求也是可以满足的。虽然康德的生活中缺乏人类激情的温暖，但他受到了所有人的尊重，朋友们显然都对他充满了爱戴。他具有典型的强迫性性格，但他生命中的大部分时间里都成功地抵御了焦虑和抑郁倾向。虽然有的心理分析师可能会不赞同，但将这种生活视为神经质的、不快乐的，显然是错误的。

对于非哲学家来说，哲学似乎是一门非常奇怪的学科，也许对于一些哲学家来说也是这样。哲学不是实证研究，也就是说，它不像自然科学那样关注的是一座知识大厦的建立，每代人都会为它加筑新的一层。哲学家们关注的问题往往得不到最终的、永久解决的答案。在研究哲学课题的发展道路上，大多数哲学家都会声称，因为某些问题已经被澄清，以前处理这些问题的一些方法现在可以被抛弃了。

虽然哲学家和科学家一样，也想努力做到尽量客观，但哲学与经验科学毕竟不太相似。另外，哲学不同于艺术，因为它不涉及明显的个人陈述或人类情感的表达。然而在某些方面，哲学既像艺术又像科学。随着科学的不断进步，每代人添加的新知识都会融入总体结构中。这意味着现代物理学家不需要研究牛顿甚至爱因斯坦的原始论文。他们对物理学和宇宙学的补充已经被吸收，他们得出结论的方式虽然在过去引人注目，但也仅仅是在过去，与未来的进展并无关联。即使是最伟大、最具独创性的科学家，他们的想法最终也难免被取代。

艺术领域一般不存在现在取代或接替过去的问题。贝多芬使用的管弦乐队规模比莫扎特的要大，而瓦格纳的还要更大一些。尽管管弦乐队的表现力范围已经扩大，但这并不意味着贝多芬的音乐比莫扎特的更杰出，也不代表瓦格纳的音乐比贝多芬的更伟大，不管 19 世纪的一些评论家们怎么想。无论贝多芬的音乐在多大程度上依赖于莫扎特过去的成就，他都不能取代或接替这一成就。莫扎特、贝多芬和瓦格纳，他们的音乐都是作曲的最高典范，都是不可替代的。

绘画也是如此。尽管透视法等绘画新技法有时会被视为文艺复兴时期画家相对于“原始”画家的优越体现，但我们意识到齐马步埃和乔托的绘画关注的是他们所属时代的价值，是不可替代的杰作，没有这些作品，我们将会更加匮乏。

从这个意义上来说，哲学更像艺术而非科学。柏拉图和亚里士多德的著作仍然被人们研究着，而且任何试图理解哲学的人都必须研读。人们继续撰写着关于他们的著作，也研究笛卡尔、休谟、康德或维特根斯坦。虽然指出某些哲学论点中的缺陷可以取得类似于科学所取得的进步，但哲学体系通常保持自己独特的陈述形式；一些可能相互冲突、无法相互归结的观点能够像以赛亚·伯林（Isaiah Berlin）所说的那样实现多元共存。在我看来，这种互不相容可能与这个事实有关：许多哲学家不惜一切代价坚持自主，不愿承认别人对自己的影响，有时还声称他们几乎读不进其他哲学家的作品。虽然科学的进步是通过对过去的批判，通过使用新的假设解释更广泛的现象来实现的，但科学家们总是站在前人的肩膀上。哲学家所采取的精神立场与大多数科学家相比则大不相同，无论他们有多么新颖独创。

康德、莱布尼茨、休谟和贝克莱都坚持认为，他们对哲学的贡献取决于他们摆脱了前人的影响，抛开过去走自主的道路。维特根斯坦也是如此，他也是典型的内向型哲学家，特别珍视孤独，认为自己在很大程度上做到了不受影响，并且主要靠自己的作品找到了自尊的来源。人们认为他是20世纪最具独创性和影响力的哲学家。

维特根斯坦1889年4月26日出生于维也纳。他是五兄弟三姐妹中最小的一个。他的哥哥保罗·维特根斯坦（Paul Wittgenstein）就是那位在一战中失去右臂的钢琴家，法国著名作曲家莫里斯·拉威尔（Maurice Ravel）曾为他创作了《D大调左手钢琴协奏曲》。路德维希·维特根斯坦本人酷爱音乐，成年后学会了单簧管演奏。14岁之前，他一直在家里接受教育，后来去了奥地利北部城市林茨的一所学校上学，之后在柏林学习工程学。

根据冯·赖特（G. H. von Wright）所写的维特根斯坦传略所记，从1906年维特根斯坦离开学校到1912年前往剑桥大学师从伯特兰·罗素，这段时间他一直处于焦虑地探索和极大的苦恼中。[16]他的兴趣从航空工程转向了数学，于是他去拜访了数学家戈特洛布·弗雷格（Gottlob Frege），弗雷格建议他去剑桥大学找罗素。在自传第二卷中，罗素生动地描绘了维特根斯坦：

他也许是我所知道的传统观念里的天才的最完美范例，富有激情、深刻、炽热并且有统治力。他身上有一种纯粹，除了G. E.摩尔（G. E. Moore）之外，我从未见过其他人拥有这种纯粹……他的生活动荡不安，而他的个人力量卓越非凡。[17]

罗素说过，维特根斯坦曾在午夜来到自己的房间，来回踱步好几个小时，还说他离开时要去自杀。以悲观为主的人生态度和抑郁的倾向萦绕了维特根斯坦的一生。

维特根斯坦一定是有史以来最内向的天才之一。对他来说，自己心里的想法远比外部世界发生的任何事情都要来得重要。他的第一部重要著作《逻辑哲学论》（*Tractatus Logico-Philosophicus*）是在一战期间完成的，当时他是奥地利军队的一名现役军官。伯特兰·罗素写道：

他就是那种在思考逻辑时永远不会注意到诸如炮弹爆炸这种

小事的人。[18]

维特根斯坦对社会习俗漠不关心，不喜欢学术生活中的闲聊，讨厌社会上的虚荣做作。1920～1926年，他去奥地利一些偏远乡村的小学当教师。虽然充满激情，但作为老师他容易急躁、不耐烦。他还被指控虐待儿童，尽管被判无罪，但他还是放弃了自己的教学生涯。后来，他承认自己曾在班上打过一名小女孩，并为自己否认小女孩向校长的投诉而感到羞愧。

维特根斯坦的父亲于1912年去世，留下了一大笔遗产。他在战后回到了维也纳，然后把他的财产分给了其他兄弟姐妹。后来他跟罗素约好去海牙会面讨论《逻辑哲学论》的出版事宜，罗素不得不卖掉维特根斯坦留在剑桥的一些家具，以便给他筹钱支付从维也纳到荷兰的路费。

1926～1928年，维特根斯坦在维也纳为他的姐姐格雷特（Gretl）设计建造了一所房子。他的另一个姐姐赫敏（Hermine）描述过他那带有强迫性的工作方式，他要监督每一个细节，所有装配都必须精确设计、分毫不差。

路德维希对尺寸精确的要求相当执着，最有力的证明可能是，他决定将一个大厅式的房间的天花板提高三厘米，而此时正要开始清理完工的房子。他的直觉是绝对正确的，而且必须按照他的直觉走。[19]

正如我们所见，康德也表现出了一些强迫性特质，这样的特点多出现在“模式人”身上，他们关心的正是从经验中获得意义和秩序。和康德一样，维特根斯坦也对其他人的思想毫不在意。美国哲学家诺尔曼·马尔康姆（Norman Malcolm）写道：

维特根斯坦没有系统地读过哲学典籍。他只能读自己可以全心吸收的作品。我们看到他年轻时读过叔本华。他说从斯宾诺莎、休谟和康德那儿，他只能获得偶尔短暂的理解。[20]

维特根斯坦的社交倾向远不如康德，他从不在大学里吃饭，对饮食也不太在意。在爱尔兰期间，他觉得主人家提供的第一顿饭实在太精致了。他想要的不过是早餐一顿粥，午餐有蔬菜，晚餐一枚煮鸡蛋。因此，在接下来的时间里，主人家每天都是这样给他供应三餐。[21]

他对自己的私生活讳莫如深。他最早的笔记部分是用密文写的。他对隐私如此保护，可能与他的同性恋倾向有关，这点从他对一些男性的依恋可以看出，比如大卫・平森特（David Pinsent），《逻辑哲学论》这本书就是献给他的，或者还有年轻许多的弗朗西斯・斯金纳（Francis Skinner）。他至少有两个男性朋友是跛足，这种情况属于一种特殊形式的强迫性表现，即被某些特质所吸引。但一些最了解维特根斯坦的人似乎确信他始终保持着贞洁。

不管情况是否如此，孤独无疑是他人生的主旋律。事实上，他曾在挪威买的一间小木屋里独自度过数月之久，后来 1948 年又在爱尔兰戈尔韦海边的一间小屋里度过了一段时间。

维特根斯坦比康德要痛苦得多，他的抑郁倾向更严重，一直活在对精神失常的恐惧中，无法宽容、教条主义，总是怀疑他人，还觉得自己就是对的。他的性格近乎偏执。然而，他对世俗眼光的傲慢与漠视，为发现真理而不惜一切代价，对妥协的蔑视以及对知识的热情，所有这些给每一个遇见他的人都留下了深刻的印象。

尽管维特根斯坦和康德存在差异，但他们仍然有许多共同的性格特征和态度。在本章的前面我们曾经假设过，这些性格特征和态度可能存在于内向型的富有创造力的人身上，他们会远离人际关系。维特根斯坦和康德都没有组建家庭，也没有形成任何长久的亲密关系。两人都是禁欲主义者，回避一切形式的自我ACCESS纵。两人基本上都不会被其他哲学家的思想所影响，都热衷于坚持自主。两人的自尊都是基于工作，而非来自他人的爱。

这两位天才都表现出了一种强迫性的内驱力，想要通过抽象思维发现秩序、一致性和意义，正是这种对真理的探索赋予了他们生活的意义。激发这种强烈热情的动力很可能是来自他们对内在这种潜在混乱的感知，即前面提到的“崩溃焦虑”或对“行为混乱”的恐惧。特别是维特根斯坦，深受崩溃恐惧的困扰。康德对秩序的强迫性需求揭示了他内心的焦虑，即使不像维特根斯坦所表现的那样强烈，也不相上下。

许多天才都是这样，他们对秩序的执着追求可能是出于类似的焦虑；不过我们需要记住的是，即使这种追求最初起源于对崩解的恐惧，后来也能转由主体的内在兴趣所推动，或者因为个体受益于别人认可他们的精通和独创性而自发追求。

牛顿也是这样一个天才，他生来就带有许多劣势，长大以后也是个怪人，中年时患了精神疾病，虽然后来始终孤独一人，但精神状态确实稳定许多。我在其他地方也写过一些关于牛顿的文章，但是他反常的个性和非凡的成就之间关系如此明显而有趣，对于本章的主题而言实在值得特别注意。[22]

牛顿生于1642年圣诞节当天，是个早产儿。他的父亲是个不识字的自耕农，在他出世前三个月就去世了。就目前所知，牛顿的父母双方家族里都不曾出过什么特殊的人物。三岁以前的牛顿享受了母亲给予的倾心照料，没有其他人跟他抢母亲的爱；而且，因为早产导致他格外瘦小，所以他应该得到了比一般孩子更多的照顾。1646 年 1 月 27 日，牛顿三岁生日刚过，他的愉快生活就被残忍打破了，因为母亲再婚了。她不仅让牛顿有了一个不想要的继父，还搬了家，把牛顿留给外祖母抚养。我们知道，牛顿对此强烈地憎恨，把这视为背叛。他在 20 岁时写过一份自白。他认为自己身上有 58 项罪行，其中一项是“威胁我的继父史密斯和母亲，要把他们连同房子一起烧掉”。[23]

美国精神分析学家埃里克·埃里克森（Erik Erikson）提出，“基本信任对基本不信任”是人类发展过程中遇到的最早的核心冲突。尽管每个人在成年以后都会有种失乐园的感受，但大多数人会得到足够长时间的母爱关怀，足以帮助他们建立起对他人的基本信任，基本不信任只是例外。但是，如果一个孩子与母亲的关系特别密切，却在还没有成长到足以理解这种背叛可能存在原因之前就经历这种亲密关系的突然终止，那么他很可能会对后来遇到的所有人都产生不信任感，只有通过慢慢改变才能相信别人是可以被信任的。牛顿便是如此。威廉·惠斯顿（William Whiston），牛顿的继任者，被授予剑桥大学卢卡斯数学教授席位，他说牛顿有着“我所知道的最忧虑、最谨慎、最多疑的性情”。[24]

从 1661 年第一次进入剑桥大学三一学院开始，直到 1696 年离开剑桥大学前往伦敦，牛顿基本上过着隐士般的生活，他全神贯注于自己的工作，几乎把其他一切都抛却在外，与其他人几乎没有社会往来，不管是与男性还是女性都没有亲密关系。牛顿对他人的不信任还表现在他不愿意发表自己的作品上。他担心评论家会伤害他，其他人会侵占他的发现。传记作家塞利格·布罗代斯基（Selig Brodetsky）写道：

他总是有点儿不愿意面对公众和批评，并且不止一次拒绝将自己的名字与一些作品的公开报道联系起来。他自己一点儿也不向往公众的尊重，还担心公众的关注会导致他受到个人关系的骚扰——对于这种麻烦他可一点儿都不想沾上……显然，牛顿没有一个发现不是在别人的力劝下发表的：即使他已经找到了天文学有史以来最大问题的答案，他还是对任何人都三缄其口。[25]

牛顿对发现成果优先权的问题很敏感，他与莱布尼茨、弗兰斯蒂德（Flamsteed）和胡克（Hooke）的激烈争吵就是明证。他极不愿意承认自己得到了别人的帮助。牛顿显然也是内向型创造者的一个例子，他满足本章前面假设的所有相关标准，包括回避人际关系，保护自己的工作不受审视，高度关注自主性，并将自己的工作作为自尊和个人成就感的主要来源。此外，他还患有明显的精神疾病。

牛顿刚过 50 岁就出现了短暂的精神失常。有人说他的病是做实验导致汞中毒的结果。不管他的病是否因为中毒，这都导致了他的疑心加重，甚至让他和朋友塞缪尔·佩皮斯（Samuel Pepys）决裂，还认为哲学家约翰·洛克（John Locke）正竭力用女人来“纠缠”他。这段多疑期之后，他又经历了一段抑郁期，他写信给洛克，请求他原谅自己的刻薄想法。后来牛顿似乎恢复得很好。他从剑桥搬到伦敦，先后担任英国皇家铸币局督办和局长，还被选为英国皇家学会会长。他依旧是独身，但名声给他带来了巨大的满足感，让他广交宾朋。据说乔治二世和卡罗琳王后往后经常招待他。他还继续修订自己的科学出版物，并致力于神学研究和撰写《古代王国编年史修正》(*Chronology of Ancient Kingdoms Amended*)。牛顿去世时已是85岁高龄。

康德、维特根斯坦和牛顿都是天才，不管他们在其他方面有多么不同，他们在以下方面是一样的：拥有巨大的独创性抽象思维能力，缺乏与他人的亲密交往。事实上，我们可以合理推测，如果有妻子和家庭，他们就不可能实现如此成就。因为想要实现更高层次的抽象，需要长时间保持孤独，精神高度集中，一个需要关注配偶和孩子情感需求的男性恐怕很难做到。

精神分析学家会指出一个明显的事实，那就是这三个人严格来讲都是“不正常的”，我承认他们的表现都超出了通常认为的精神病理学范畴。然而，他们都活了下来，还为人类的知识与认识做出了重要贡献，我想如果他们不是多数时间处于孤独状态的话，就不可能做出这样的贡献。如果他们能够或者说更倾向于通过爱而不是工作来寻求个人满足的话，他们会更幸福吗？这很难说。需要强调的是，如果这些天才没能绽放的话，人类将会比现在要匮乏得多，因此我们必须看到他们的性格特征以及高智商从生物学角度来说是具有适应性的。这些人的精神机能障碍不过是我们每个人身上都会有的特征的加强版而已。我们都需要在这世上找到某种秩序，找到我们存在的意义。对这种求索格外关注的人，他们的存在正好向我们证明了人际关系并不是实现情感满足的唯一途径。

Solitude
A Return to the Self

第11章

第三时期

在我们的小说里，所有艺术之中，是音乐将个体与其同时代的社会隔离开来，使他意识到自己的独立性，并最终为他的生活提供个人意义，不管他的社会甚至个人关系何如。这是一种永远不会失败的生存方式……

——亚历克斯·阿伦森（Alex Aronson）

在生命之初，人的生存依赖于“客体关系”。婴儿不能自己照顾自己，而且在漫长的童年时期都要依赖他人的照顾。等到生命走向尽头时，相反的情况出现了。虽然疾病或伤痛可能会使老年人在身体上依靠他人，但他们在情感上的依赖性往往会减少。老年人对人际关系一般都不太感兴趣，自己独处反而更满足，也更专注于自己的内心关切。不是说老年人不再对他们的配偶、子女、孙儿感兴趣，而是说这种兴趣的强度会有所下降。对他人愈加客观往往伴随着对他人关系的黏度降低。这可能就是为什么祖孙关系往往比亲子关系要容易一些。孙辈觉得祖父母不会像父母一样对他期望那么高，因此可能会与祖父母建立一种更简单、相互要求更少的关系。

这种感情投入的强度变化在一定程度上是由性冲动的持续下降决定的，至少在中年以前，性冲动会迫使大多数人寻求亲密关系。或许这也是大自然仁慈的馈赠，帮助人们减轻终将到来的死亡所带来的与亲人分离的痛苦。人是能预见自己死亡来临的生物，而且当他注意到死亡的时候，他的思想会非常集中。他会让自己从世俗的目标和牵绊中解放出来，开始耕耘自己内心的花园，从而为死亡做好准备。荣格和弗洛伊德都是这一变化的例证。两人都活到了 80 多岁，那时候他们几乎都放弃了对精神治疗的兴趣，转而支持关于人性的思想和理论。进入老年以后，人们会倾向于从共情转向抽象，从生活的故事中抽离，更多地去关注生活的形态。

就像人性的其他方面一样，这种变化在那些坚持不懈求索的人所留下的一系列作品中表现得最清晰。当天才活到一定岁数，他们的作品风格会呈现出明显的变化，人们往往习惯于将他们的作品分为几个时期，通常称为“第一时期”“第二时期”“第三时期”，或者“早期”“中期”“晚期”。第三时期或者说晚期是与本书主题相关的，因为这个时期的作品会摒弃社会交往，更多依赖于独自沉思。

艺术家生命中前两个时期的重要性不言自明。即使是最有天赋的人也必须从技艺学习开始，如此他们就必然会受到老师和前人的影响。因此，第一个时期虽然一定不乏天才的光辉，但这个时期的艺术家通常还没有充分发现自己个人的看法。伯纳德·贝伦森将天赋定义为“对自己接受的训练做出有效反应的能力”，[1] 当一个艺术家变得更加自信时，他就有勇气放弃过去那些与自己无关的方方面面，然后进入第二个时期，这一时期将明确地展现他的专业精通和独特个性。通常在这一时期我们可以明显看到，他想要尽可能广泛地向大众传达自己的看法。

第二个时期可能占据艺术家的大部分生命，许多最伟大的天才还没进入第三时期开始创造性产出作品就去世了。例如，在作曲家中，莫扎特、舒伯特、普赛尔、肖邦和门德尔松的生命如此之短暂，尽管他们早慧惊人，却没有时间像贝多芬和李斯特一样展现出作品的变化。

贝多芬终年 57 岁，按现代标准来看，这不能算是高龄，但这个年纪足以让他的作品很好地呈现出三个时期的变化。(当然这只是一种简化分法，音乐学者完全可以找到例外；但是从广义上来讲，普通音乐爱好者可以据此“立听分晓”。) 贝多芬的弦乐四重奏可以自然地分为三个时期。他早期的六首弦乐四重奏（op. 18）是从 28 岁开始写的，集中创作于 1798 ～ 1799 年。前三首于 1801 年 6 月出版，后三首四个月后出版。尽管再没有其他人能创作这些作品，但约瑟夫 · 科尔曼（Joseph Kerman）㊀写道，“它们显然具有海顿的风格，莫扎特的痕迹更是非常明显”[2]。这些作品当然受人喜爱，但与后来的四重奏相比，它们都没有表现出“真正的”贝多芬。

题献给拉祖莫夫斯基伯爵（Count Razumovsky）的三首四重奏（op.59，nos.1-3）以及《“竖琴”四重奏》(op.74)、《F 小调第十一号弦乐四重奏》(op.95)，通常被归为贝多芬的“中期”四重奏作品。“拉祖莫夫斯基”四重奏是在 1804 ～ 1806 年创作的；1809 年他创作了作品 74，1810 年创作了作品 95。19 世纪早期是贝多芬创作的活跃期。1803 ～ 1804 年创作的《“英雄”交响曲》(*The Eroica Symphony*) 代表了交响乐的全新维度。主要创作于 1804 年和 1805 年的《黎明奏鸣曲》(*Waldsteinsonata*) 和《“热情”奏鸣曲》(*Appassionata sonata*) 与以前的钢琴奏鸣曲都大不相同。值得一提的是，所有这些表达了贝多芬“英雄性”的作品是在《海利根施塔特遗嘱》之后创作的，我们前面提到，这封信是他在 1802 年写的。那时贝多芬的耳聋已经很严重

㊀ 新音乐学先驱人物之一，当代最重要的美国音乐学家之一，美国人文与科学院院士。——译者注

了，但不能仅仅因为耳聋，就将他后来的曲风变化归因于不断加深的自我沉浸。

“拉祖莫夫斯基”四重奏也展现了这一新的变化。它们揭示了贝多芬的力量、能量和自信，也充分体现了他刻画内心最深层情感的能力。(例如，作品 59 第 1 首和第 2 首的动人柔板对比第 3 首最后乐章的欢快。) 这些美妙的四重奏不仅完全属于个人风格，而且在类别上区别于作品 18，它们与早期的四重奏一样带给我们愉悦享受。

1806 ～ 1809 年，贝多芬完成了《第四交响曲》(op.60)、《第五交响曲》(op.67)、《第六交响曲》(op.68)、《小提琴协奏曲》(op.61)、《第四钢琴协奏曲》(op.58) 和《第五钢琴协奏曲》(op.78) 以及一些小的作品。1809 年《“竖琴” 四重奏》问世，因为第一乐章中的乐器交替拨奏宛如竖琴而得此名。这是一部优美的作品，但它或许应该被视为一部过渡作品，因为它并没有尝试任何显著的创新。之后的《 F 小调第十一号弦乐四重奏》却发生了改变，这是一部极其紧凑、强大而近乎粗暴的作品。贝多芬自己将其命名为《“庄严” 四重奏》(op.95)。作为贝多芬“中期”四重奏系列的最后一部作品，一些评论家认为它在精神上更接近于贝多芬“最后”五首四重奏作品。科尔曼写道：

在笔者 (当然不只是笔者) 看来，《F 小调第十一号弦乐四重奏》是贝多芬艺术成就的巅峰，一直持续到第二个时期结束。[3]

下一组四重奏，也就是“最后”五首四重奏，直到 19 世纪 20 年代才开始创作。第一首作品《降 E 大调第十二号弦乐四重奏》(op.127) 可能是从 1822 年开始写的，但是一直搁置到 1824

年，因为贝多芬要完成《第九交响曲》（op.125）。五首中的最后一首《F 大调第十六号弦乐四重奏》（op.135）作于 1826 年 8～9 月。作品 130 的最后乐章于 1826 年秋天晚些时候完成，出版商坚持要求他重写一曲来替换原本作为终章的《大赋格》（*the Great Fugue*），那是贝多芬创作的最后一首音乐。1827 年 3 月 26 日，贝多芬逝世。

音乐学者马丁·库珀（Martin Cooper）描述贝多芬的晚期风格：

> 不向听众让步，也不打算吸引听众的注意力或保持听众的兴趣。相反，作曲家在和自己交流，或者思考自己对现实的看法，（像是）自言自语，只关注自己思想的纯粹本质和音乐创作，而思想本身与音乐创作的过程往往无法相互区分。[4]

最后五首四重奏的中间三首——《A 小调第十五号弦乐四重奏》（op.132）、《降 B 大调第十三号弦乐四重奏》（op.130）、《升 C 小调第十四号弦乐四重奏》（op.131）有很长一段时间被认为是无法理解的，它们显然与传统的奏鸣曲形式大不相同。作品 132 有五个乐章，作品 130 有六个乐章，作品 131 有七个乐章。曲子的节奏变化频繁而突然，不同主题意外并置，音乐流动的中断也不可预测。科尔曼在评价关于作品 130 和 131 的章节中给出的“分离与融合”（Dissociation and Integration）这一题目十分具有启发性。《大赋格》这首曲子原本要作为作品 130 的终章，科尔曼在分析完这首卓越而剧烈的曲子之后写道：

> 在我看来，这一切都表明贝多芬想要在循环曲式中释放关于秩序或一致性的某种新理念，这种顺序与他在早期音乐中表现的

传统心理序列明显不同。这种新秩序不太容易理解，因为从《降B大调四重奏》（*the Quartet in B Flat*）来看，他的理念并未完全实现。[5]

有趣的是，J. W. N. 沙利文（J. W. N. Sullivan）在1927年首次出版的《贝多芬》（*Beethoven*）一书中给过相似的说法。探讨了传统奏鸣曲形式在表达心理过程方面的重要性和实用性之后，他接着写道：

但是在我们所探讨的这些四重奏里，贝多芬无法用这种形式呈现他的心理体验。多个不同乐章之间的联系会比四乐章奏鸣曲的形式更有机统一。在这些四重奏中，各个乐章好似从统一的核心体验中辐射开来。它们代表的不是一段旅程中的不同阶段，每个阶段各自独立存在。它们代表的是不同体验，但它们在四重奏中的意义来自它们与主导性的核心体验的关系。这是神秘视觉的特征，即在一个基本体验的统照下，世上的一切看起来都是统一的。[6]

音乐评论家威尔弗里德·梅勒斯（Wilfrid Mellers）也用类似的话描述了贝多芬在1823年出版的最长钢琴作品《迪亚贝利变奏曲》(*Diabelli Variations*)。他称它们是：

循环而非线性的作品……就像巴赫的《哥德堡变奏曲》（*Goldberg Variations*）一样，尽管两位作曲家的处理方式有所不同，但他们都是“一粒沙中见世界”，让我们意识到体验是一个整体，琐碎与崇高并存。[7]

沙利文和梅勒斯关于核心体验带来对立统一的这种描述，我们将会在本书最后一章讨论的荣格理论中看到相似之处。

相较于科尔曼，沙利文更加确信贝多芬充分表达了他努力想要实现的新理念。作为一个外行，我自己的猜测是，他并没有完全做到这一点。如果他能活得再久一点，我们或许会见到更充分的作品，他能够更完美地把所有元素综合起来，实现他追求的统一。大多数人都会认同，贝多芬在《升 c 小调第十四号弦乐四重奏》（op.131）中最接近这一点，贝多芬本人也认为这是他最伟大的作品。正如音乐学家梅纳德・所罗门（Maynard Solomon）所指出的：

节奏设计的连续性让人觉得这是贝多芬作品中最完整的一部。但是这首四重奏中又有许多因素在阻碍其中的连续性：6 个不同的主调，31 个节奏变化（比作品 130 还多 10 个），各种各样的结构以及乐章中形式的多样性——赋格曲、组曲、宣叙调、变奏曲、谐谑曲、咏叹调和奏鸣曲形式——这种情况下还能实现统一着实不可思议。[8]

最后一个四重奏《F 大调第十六号弦乐四重奏》（op.135）似乎是对早期风格的回归，也许是强烈的精神追求后的放松，也许是在表达最后的平静。“非如此不可？非如此不可！”这句设问是最后一个乐章的题词，它可能来自什么生活琐事。贝多芬的秘书安东・申德勒（Anton Schindler）说这是起源于贝多芬不愿为家务管理出钱一事。但是，既然贝多芬将这一主旨放在这个位置，或许也能被解释为一种迹象，表明这位长期的反抗者已经与命运达成某种和解。

贝多芬最后的四重奏作品突出体现了一个拥有创造力的人在生命第三个时期的主要特点。贝多芬第三个时期的作品的确呈现了一定的特点。第一，它们不像以前那样关注与人交流。第二，它们在形式上往往打破传统，似乎在努力实现元素之间的全新统一，而初看之下这些元素是迥然不同的。第三，它们不再注意修辞或任何说服他人的需要。第四，它们似乎在探索某些遥远的领域，关于个人或超个人体验，而非人际体验。也就是说，艺术家正在探索自己的心灵深处，对于是否有其他人追随或理解不甚关心。这些特点在贝多芬最后的四重奏中显而易见；而且其他作曲家要是寿命够长，在他们的作品里也能发现这些特点。

例如，李斯特终年 75 岁。在他去世前大约 15 年里，他的音乐表现出显著的变化。没有过去的华丽，也没有超凡的技巧——或者至少不是纯粹为了炫技本身。取而代之的是对匈牙利民歌的痴迷；其作品是真正的乡村农民音乐，而不是早期狂想曲中的仿制品。而且李斯特一定程度上放弃了传统的调性，也预示了阿诺尔德·勋伯格（Arnold Schoenberg）和巴托克·贝拉（Bartók Béla）的无调性音乐出现。李斯特并没有使用惯常的方法来陈述主题，通过不同的调来发展主题，然后重述主题并最终达到一个目标，而是尝试使用强烈的对比和冲击，利用延音踏板来实现深刻持续的效果。英国作曲家汉弗莱·塞尔（Humphrey Searle）写道：

风格已经变得极为固化和朴素，大段大段的单音，大量使用全音阶和弦，避免任何类似终止式的结构；事实上，如果一首作品以普通和弦结束，那么它更多是在转位而非原位。结果就是营造出一种令人好奇的不确定性，仿佛李斯特正在进入一个未知的新世界，其中的可能性他自己也无法确定。在这些作品里，他大多回归了初恋：钢琴。但总的来说，过去的那种钢琴炫技已经不再——李斯特现在是为自己而写，不再是为他的听众而作。[9]

塞尔对李斯特晚期风格的评论与上文引用的马丁·库珀对贝多芬晚期风格的评论惊人地相似。同为作曲家，贝多芬和李斯特的共同点相对较少，但他们在早期和中期都使用修辞来说服听众，而在最后的作品中又都放弃了修辞。

当然，还有其他的例子可以表明，随着年龄的增长，艺术家越来越倾向于某种内在发展。巴赫的《赋格的艺术》（*The Art of Fugue*）是他最后一部主要作品，这部作品可能主要不是为了听众，甚至无法确定要用哪种或哪些乐器来演奏，也不确定它是否是纯理论作品，根本不是为演奏而设计的。巴赫作品的权威研究者马尔科姆·博伊德（Malcolm Boyd）确信：

> 单凭演奏，永远也无法完全理解巴赫最后一个时期的作品。如果人们以感受《管风琴小曲集》（*Orgelbüchlein*）或《平均律钢琴曲集》（op.48）的方式来体味《音乐的奉献》（*Musical Offering*）和《赋格的艺术》，那么即使是最有思想的演奏和最专心的聆听，其中延长的复调听起来也会枯燥、空洞甚至笨拙。但对于能够理解并思考其严密逻辑的乐谱的读者来说，这些作品提供了对无限奥秘的洞察，就像体味芝诺悖论中的阿喀琉斯（Achilles）和乌龟给我们带来的数学之美一样……当然，人们肯定还是想要在演奏的过程中，对这首乐曲获得一定程度的理解和享受，但是只有通过研究，我们才有希望对它有一个完整的认识，并在学习之后进行沉思；因为它存在于一个远离“人类音乐”（musica humana）的世界里，那里的音乐、数学和哲学是一体的。[10]

于是我们再一次看到，在生命的尽头，人的兴趣越来越倾向于模式制定和非个人化。

即使在理查·施特劳斯（Richard Strauss）这样一位浪漫的作曲家身上，我们也能发现类似的特质。从78岁开始，到84岁去世，施特劳斯创作了《降E大调第二圆号协奏曲》（*Second Horn Concerto*）、《第一管乐奏鸣曲》（*First Sonatina for Wind Instruments*）、《第二管乐奏鸣曲》（*Second Sonatina for Wind Instruments*）、为23件弦乐器而作的《变形》（*Metamorphosen*）、《双簧管协奏曲》（*Concerto for Oboe*）、《D大调为双簧管与小管弦乐团的协奏曲》（*Duct Concertina for Clarinet and Bassoon*），以及《最后四首歌》（*Four Last Songs*）。音乐学家莫斯科·卡纳（*Mosco Carner*）评论说：

除了《变形》以外，其他都算是小作品，但是施特劳斯年轻的时候所呈现出的古典主义倾向在他80多岁时再次显现出来，而他一生的艺术经历和人生阅历又让作品大为丰富甘醇。其中新古典主义倾向表现在以下几个方面：转向纯器乐音乐；避免情绪化的表达，强调精致打磨的技巧；主题思想的对称切割（主要是规整的四小节和八小节）和“老式”的终止式；明显倾向于简单的全音阶写作和一目了然的乐谱，其简朴与经济——从《达芙妮》（*Daphne*）和《随想曲》（*Capriccio*）中就能看出——与施特劳斯的交响诗和大部分歌剧的奢华和浪费形成强烈对比。《变形》是施特劳斯晚期作品中最重要的一部，它以最具特色的方式展示了所有这些特征，更不用说各个声部的复调交织所表现出的强大技巧了。[11]

和莫扎特一样，约翰内斯·勃拉姆斯（Johannes Brahms）在其作曲家生涯的晚期受到一位杰出单簧管演奏家的启发。1891

年，他在德国迈宁根第一次听到理查德·米尔费尔德（Richard Mühlfeld）的演奏；被米尔费尔德的演奏技巧所激发，勃拉姆斯创作了《单簧管三重奏》（*Clarinet Trio*）、《单簧管五重奏》（*Clarinet Quintet*）以及两首单簧管（或中提琴）和钢琴奏鸣曲。尽管勃拉姆斯本人更喜欢《单簧管三重奏》，但大多数评论家都认为《单簧管五重奏》是这些作品中最伟大的一部，但对其唤起的感受持不同意见。有的人觉得它透着无奈的怀旧情绪，像是一种"秋天"的感觉，大家最喜欢这样形容它。作曲家罗伯特·辛普森（Robert Simpson）觉得其中弥漫着一种潜在的忧郁。作曲家威廉·默多克（William D. Murdoch）觉得它"令人着迷"：

这是一部宁静而又充满温暖色彩的作品，单簧管为其增添了如此耀眼的光彩，以至于人们很难相信作曲家不是一个充满生命喜悦、青春活力和澎湃热爱的年轻人。[12]

1893 年，勃拉姆斯出版了他最后一套钢琴独奏作品集：作品 119。作曲家常用小调作曲，但以大调结尾。这是一种带着胜利或喜悦回"家"的方式。值得注意的是，作品 119 终曲《降 E 大调狂想曲》（*E Flat Rhapsody*），也就是勃拉姆斯为钢琴独奏创作的最后一首作品，它却与通常的顺序相反。它是用大调写的，但以小调结尾。

正如理查·施特劳斯在 50 多年后所做的那样，勃拉姆斯写了最后四首歌：1896 年，也就是勃拉姆斯去世前一年，他创作了《四首严肃的歌》（*the Four Serious Songs*）。背景是来自路德所译《圣经》中的文字，但经过精心挑选，因此与勃拉姆斯所持的不可知论没有冲突。第一首的歌词选自《传道书》（*Ecclesiastes*）第 3 章的 19 ～ 22 小节，它与本书的一个主题非常相关，所以我忍不住要引用它。因为人类和兽类最终都要死亡，所以人类并没有高于野兽，《传道书》的作者在这样宣告以后接着说道：

谁知道人的灵是往上升，兽的魂是下入地呢？故此，我见人，莫强如在他经营的事上喜乐，因为这是他的分。他身后的事，谁能使他回来得见呢？

勃拉姆斯最后的作品是为管风琴所写的《十一首圣咏前奏曲》(*Chorale Preludes for Organ*)，这套作品让音乐家丹尼斯·阿诺德（Denis Arnold）和音乐评论家富勒·梅特兰（Fuller Maitland）想起了巴赫。前者称之为“安静内向，让人想起巴赫”[13]。后者在评论最后一首时写道：

必须承认的是，这最后一次向这个世界传达的如此优美动人的美，再也没有任何一位伟大的作曲家能出其右。最后几小节的终止式，它的美是如此清新而富于表现力，连勃拉姆斯本人也从未超越，这让我们再次想起巴赫。[14]

理查·施特劳斯和勃拉姆斯在他们后期的作品中都展示了第三时期作品的一些特征：不注重修辞，不再有任何说服受众的需要，以及对非个人而不是个人的倾向。但他们晚期的音乐也表现出一种怀旧的趋势，这在贝多芬和李斯特的作品中是没有的。我倾向于认为这一点与下面的事实有关：两人在私生活中都是谨慎、犹豫的人，没有努力充分地生活。怀旧接近于多愁善感，一般似乎是对错过的机会表示遗憾，而不是对过去的实际成就或快乐表示遗憾。勃拉姆斯是一个十分谨慎的人，尼采这样写道：“他有一种无能为力的忧伤。”[15] 尽管他深爱着克拉拉·舒曼

（Clara Schumann，比他大 14 岁），而且对其他女性也有过一些情感上的依恋，但他从未全身心投入，始终保持单身。他销毁了自己所有的新手作品和许多他认为不符合标准的后期作品。他的传记作者彼得·莱瑟姆（Peter Latham）写道："这就像是他害怕这些作品以后会以某种方式出示，作为对他不利的证据。"[16]

与克拉拉·舒曼共度一生的希望落空以后，勃拉姆斯开始与阿加特·冯·西博尔德（Agathe von Siebold）交往，但当婚姻问题变得紧迫时，他们解除了婚约。每个认识勃拉姆斯的人都注意到，随着年龄的增长，他变得越来越保守和孤僻，用粗鲁和讽刺来掩饰自己的真实情感。从本质上讲，勃拉姆斯比上一章讨论的那些哲学家性格更温暖、更感性，但是失望和被人拒绝的经历让他无法尝试获得情感上的满足。难怪他后来的音乐里透着怀旧和遗憾的色彩。

理查·施特劳斯的一生也不完整。他娶了一个歌手，随着年龄的增长，她变得越来越霸道、贪婪、势利和尖刻。人们只需看他们的结婚照就能猜出他们的关系。所有认识保利娜·施特劳斯（Pauline Strauss）的人似乎一直都挺讨厌她。显然她的性格中带有严重的强迫性。她要求丈夫进屋前在三套门垫上擦脚，如果衣橱没有完全精确地摆放，她就会对仆人发脾气。也许施特劳斯对如此专横的控制有种受虐狂般的快乐吧，他有五部歌剧是围绕忠诚这一主题的，而且据说他与歌剧《莎乐美》（*Salome*）的首席女歌手有染。他是一个软弱的人，支持希特勒兴风作浪，支持纳粹德国宣传部长约瑟夫·戈培尔（Joseph Goebbels）对作曲家保罗·欣德米特（Paul Hindemith）和指挥家威廉·富特文格勒（Wilhelm Furtwängler）的攻击，在指挥家布鲁诺·瓦尔特（Bruno Walter）受到纳粹威胁时取代他担任指挥，在阿尔图罗·托斯卡尼尼（Arturo Toscanini）拒绝去德国指挥时也取代了他。他还写信给希特勒，为他与犹太作家斯蒂芬·茨威格（Stefan Zweig）的关系道歉，因为茨威格曾为他写过一个剧本。在晚年创作回春期，也就是创作最后一组作品之前的25年里，施特劳斯几乎没创作出什么重要作品。施特劳斯还是一个自私自利的人，他的主要兴趣都在金钱和推广自己的作品上。托斯卡尼尼曾对他说："在作曲家施特劳斯面前，我要脱帽。在作为一个人的施特劳斯面前，我要重新把帽子戴上。"[17]他的《埃莱克特拉》（*Elektra*）和《莎乐美》充满了恐怖、暴力和变态的性行为，而他本人是一个压抑的懦弱之人。如此说来，他最后的作品固然美丽，却唤起了更多的怀旧之情，而不是和解或融合之情，这也就不奇怪了。

作家亨利·詹姆斯（Henry James）"第三时期"的作品却呈现出了格外有趣的特征。他的最后三部小说《使节》（*The Ambassadors*）、《鸽翼》（*The Wings of the Dove*）和《金钵记》（*The Golden Bowl*）在风格上比他早期和中期的作品还要复杂难懂。有一部分原因是这些小说都是作者口述的，而不是手写的，修改起来比较容易，所以不断修改文本就成了一种习惯。或许我们真该庆幸，詹姆斯生活的年代文字处理机还没有发明。詹姆斯特别想要出人意料，所以有时候就会导致他的散文晦涩难懂。读者发现，如果想要跟得上詹姆斯一波三折弯弯绕绕的故事，那可不比看一般小说，要加倍集中精力才行。

有趣的是，詹姆斯在《使节》这本书里表现出了对模式和秩序的关注，也就是我们前面说到的晚期创作的特点，此外他在书里不遗余力地宣扬充分享受生活的理念，这一点多见于其他艺术家的早期作品中。亨利·詹姆斯的《使节》写于57岁，贝多芬就是在这个年纪逝世的。詹姆斯本人选择了卷5第2章中兰伯特·斯特瑞赛（Lambert Strether）的一番发言作为本书的核心。

你可要尽情享受人生，如果不这样便是大错特错。重要的不在于如何享受人生，只要享受人生就行。如果你从未享受过人生，那么你这一辈子还有什么意义？[18, ㊀]

这番劝言，显然詹姆斯自己都没能做到。但是1899年，詹姆斯在罗马逗留期间遇到了一名年轻的挪威裔美国雕塑家，名叫亨德里克·安德森（Hendrik Andersen）。詹姆斯买了他一件半身像雕塑，还让安德森保证过来和他一起住，后来安德森只是过来短住了三日。詹姆斯的传记作家利昂·埃德尔（Leon Edel）评论道，詹姆斯意识到他对安德森的感情比他以前对家人以外的任何人都要深刻。此外，詹姆斯写给安德森的信中提到的亲密爱恋远比他以前的信要明显得多。亨利·詹姆斯存在性抑制心理。他向来

颂扬人际关系中的理智与情感，却对身体的欲望避而不谈……在权衡这一微妙而又含糊的证据时，我们还要提醒自己，那就是詹姆斯迄今为止好像一直是透过平板玻璃看世界的，而安德森似乎帮助詹姆斯走出了那堵保护墙。如果可以大胆地想象，那么我们可能会认为，安德森给詹姆斯带来了前所未有的感官体验；也许雕塑家双手有力的触摸让詹姆斯感受到了一种身体上的

㊀ 摘自袁德成等译版《使节》。——译者注

亲近与温暖，这种感受他早年从未有过；这就是我们在他的信中读到的信息。[19]

所以詹姆斯的第三个时期与常人不同。年龄的增长并没有让他像一般人那样身体感受越发淡然，甚至让他与一段冲动却无比真切的爱撞了个满怀，这种滋味他早些年从未成功抓住过，所以自然会让他觉得好像错过了生命中特别重要的东西。

尽管《使节》的主题是斯特瑞赛劝人们“尽情享受人生”，但这部小说也展示了一种对称的模式。55 岁的兰伯特·斯特瑞赛性格拘谨，他从美国被派往巴黎去拯救一位名叫查德·纽瑟姆（Chad Newsome）的年轻美国人，使其免受巴黎生活的不良影响，尤其是从德·维奥内夫人（Madame de Vionnet）的魔掌中解脱出来。然而，在接触了德·维奥内夫人，同时又深受欧洲思想解放的影响以后，斯特瑞赛放弃了他的拯救任务，还力劝查德留下来。与此同时，查德的态度也发生了改变。一开始他拒绝离开法国，可是后来他急切地接受了回到美国接手家业的主意。由此，小说的两位主人公互换了位置。

芬兰语言学家拉尔夫·诺曼（Ralf Norrman）研究过詹姆斯小说中的这种模式，他认为这种互换是一种“交错倒置”（chiastic inversion）：“A 变成了 B，而 B 变成了 A。”[20]交错配列法（chiasmus）是指一种交叉修辞手法，就像大脑底部的视神经交叉，其中视神经束的部分神经纤维交叉连接大脑另一侧的神经纤维。在写最后三本小说之前，詹姆斯写了《圣泉》（*The Sacred Fount*），这本小说便是以一种人为刻意的方式呈现出了这种交错的模式，连我也觉得有些难以理解了。詹姆斯在 1894 年 2 月 17 日的笔记本卷三中记录了学者斯托普福德·布鲁克

(Stopford Brooke) 向他提出的两个想法。其中第二点如下：

> 一个年轻人娶了一个比他年长的女人，年轻人影响了这个女人，让她变得越来越年轻，他自己却变成了女人年纪的模样。当他到了“她”结婚的年纪时，女人却重返“他”当年的那个年纪。——（或许）这个想法难道不能换成聪明和愚蠢的概念吗？比如一个聪明的女人嫁给了一个愚不可及的男人，这个女人的智慧开始不断丧失，这个男人却越来越聪明……[21]

然而，对这种模式的追求不一定就会导致虚假刻意的结果。正如拉尔夫·诺曼所说，詹姆斯的最后一部小说《金钵记》是他最伟大的作品之一，这部小说正是依赖于多重交错倒置。小说有四个主角，分别是丧偶的美国人亚当·魏维尔（Adam Verver）和他的女儿玛吉（Maggie），还有阿梅里戈王子（Prince Amerigo）和夏洛特·斯坦特（Charlotte Stant）。玛吉嫁给了王子，并说服她的父亲娶了夏洛特，以此作为对她的补偿。然而，亚当父女的关系十分亲密，所以他们还是会经常在一起，这就导致夏洛特和王子之间旧情复燃。玛吉最终结束了这种局面，她把父亲和夏洛特送到了美国，而她和王子留在了欧洲。这四个角色相遇以后，结成了新的伴侣关系，而后又恢复到以前的关系模式（外加现在看来属于私通的关系），最终他们又回到最初相遇后的关系状态。

令人惊奇的是，这种明显的人为创造的模式并没有像我所想的那样扼杀了人类的情感，就像《圣泉》里的情况一样。对对称的审美追求与对人类激情的真实理解实现了相互调和，正如埃德尔所说，这是詹姆斯第一次努力构思并实际促成了欧洲旧世界和美国新世界之间的“联姻”。

亨利·詹姆斯似乎是个典型的模棱两可的人；他十分感性，深切关注人类的情感，却又总是有一种抽离在外的感觉。用霍华德·加德纳经常使用的分类来说的话，詹姆斯既是一个“故事人”，也是一个“模式人”。随着年龄的增长，他对身体方面的爱的感受没有变弱，反倒越来越强，这是因为他对安德森的炽热情感。这种意识既让他黯然，又让他的精神世界更加浩渺无垠。我认为这就是《金钵记》中明显对立的因素能够实现统一的原因，同时也避免了这部丰富而大胆的小说被其根源，也就是这种美学模式所淹没。

《丛林猛兽》(*The Beast in the Jungle*) 这部小说写于 1902 年底，是詹姆斯最具影响力、最具悲剧色彩的一部小说，也带有明显的自传色彩，其中表达了他对生命里那些错过的强烈遗憾，以及他对自己被禁锢在自我的牢笼中而不敢放手去爱的羞愧。

这部小说讲的是约翰·马切尔（John Marcher）的故事，他毕生都有一种预感，那就是一段特殊而又不寻常的经历在等待着他，他说这种经历就像一头猛兽在丛林中跟踪他，时刻等待契机一跃而出。他向一位名叫梅·巴特拉姆（May Bartram）的女士透露了自己的秘密。十年以后他们再次碰面，她向他提起了这个秘密，问他这些年有没有发生什么事，结果自然是没有；然后马切尔继续向她描述他仍在期待的事，一些可能在他生活中突然爆发的事，一些他认为可能会毁灭他或改变他整个世界的事，这时巴特拉姆冒险猜测，他所期待但无法描述的东西，或许就是人们常说的坠入爱河的危险。约翰·马切尔否定了这个想法。

后来又过了很多年，他们也一起度过了大部分时间。最终，梅·巴特拉姆去世了。在此之前，马切尔从来没有回应过她的爱，甚至没有意识到她曾经向他明确示爱。只有在她死的时候，他才意识到丛林中的猛兽出现了，就在那一刻。

那条生路应该是给她以爱情，这样，这样他才有了生机。她曾经生活——谁现在能够说她是怀着多大的热情？——因为她曾经为了爱他本人而热爱着他；而他却从来没有想到过她（啊，这不是明摆在他面前的事吗！），起作用的只是自己冰冷的自我中心，只想到如何把她利用。[22，㊀]

马切尔跪倒在梅·巴特拉姆的坟墓上，

真的在他那残酷的形象中看到了原来规定的是什么，已完成了的又是什么。他看到了他生活中的丛林，看到了埋伏在一旁的猛兽；然后在他观望时看到猛兽随着空气的颤动站起身来，巨大而可怕，准备一跃而把他吞没。他的眼睛发黑——猛兽已离他很近；在幻觉的支配下他本能地转过身去，为了躲避它而脸朝着石板，扑倒在坟墓上。[23，㊁]

詹姆斯在给小说家休·沃尔波尔（Hugh Walpole）的信中写道：

我想我一点也不会后悔青春时代有过什么“过度”的反应，相反，我只后悔在我冷静自持的年纪，一些机会和可能放在眼前，我却“没有”珍惜。[24]

亨利·詹姆斯的最后几部小说至少展示了先前提到的第三

㊀ 摘自赵萝蕤译版《丛林猛兽》。——译者注

㊁ 摘自赵萝蕤译版《丛林猛兽》，原引文省略小说部分内容，为更好地理解，此处引用小说完整译文。——译者注

时期作品的一些特征。他那精心设计的文风没有丝毫让步，因此可以公平地说，他没有那么关注与人交流，也没怎么想去吸引或者说服读者。虽然模式和秩序在他的作品里一直都明显存在，但是在《使节》和《金钵记》中更为突出。然而不同于本章提到的其他艺术家，詹姆斯对于探索个人体验之外的遥远领域并不太关注。他在晚期的时候接纳了爱带来的身体愉悦，这一点实际上丰富了他的作品，而像巴赫这样的艺术家在詹姆斯这个年纪早就已经充分体验了这些生活滋味，所以他们会去寻求超越这些体验。从这个意义上说，詹姆斯也实现了不同元素之间的全新统一。里昂·埃德尔写道：

“尽情享受人生”是《使节》的中心思想：人们必须学会接受自由的幻觉。没有爱的生活就不是生活——这是《鸽翼》的结论，在找到爱之后，詹姆斯终于明白，没有爱，艺术就不是艺术，生活也不是生活。由此他成了自己的斯芬克斯，回答着自己的人生谜语。[25]

第12章

对完整的渴望与追求

Solitude

A Return to the Self

尽管我们是尘土，却生出不朽的精神
它就像音乐的和声；有一种神秘的
不可捉摸的匠艺，能调和各种
不和谐的元素，让它们凝聚
汇成一体。

——威廉·华兹华斯

在柏拉图的《会饮篇》(*Symposium*)里，喜剧作家阿里斯托芬(Aristophanes)主动为他的朋友讲述了有关爱的力量的秘密。他首先回顾了一个神话，神话里最初有三种性别：阴阳人、男人和女人。男人来自太阳，女人来自大地，阴阳人来自月亮，月亮同时具有太阳和大地的特征。每个人都是一个圆形的整体，有四条腿和四只胳膊，可以向任何方向直立行走，也可以翻滚着跑。

这些原始人非常傲慢无礼，又力大无穷，他们甚至对众神构成了威胁，于是众神商量如何才能最好地约束他们。宙斯决定把他们一分为二，后来又做了一些安排，好让他们能通过交媾繁衍下去，而不是像以前那样把卵产到地里。

把人一分为二的结果就是，每个半人都迫切需要寻找另一半来恢复原有的完整性。男人寻求另一个男人，女人寻求另一个女人，阴阳人则寻求的是一个异性伴侣。阿里斯托芬说："爱只是渴望和追求完整的代名词。"[1]

柏拉图的神话非常具有说服力。几个世纪以来，我们通过与另一个人进行性结合来达到完整和完善自己，这个观念一直是浪漫主义文学的主要灵感来源，也是无数小说的高潮所在。这个神话中存在的真相让大多数人至今仍会受到它的强烈影响。尤其是在青年时期，与心爱的人相结合确实会带来一种完满的感觉，尽管这种感觉是短暂的，但很少有其他经历能与之媲美。然而，性只是实现完整的多种方式之一。

虽然弗洛伊德依旧认为性满足是男性和女性生活满足感的主要来源，并认为神经质问题是心理障碍阻碍性成熟的结果，但他又确实会怀疑完整的情感满足是否真的存在。弗洛伊德在一篇相对较早的论文中写道：

无论这听起来有多么奇怪，我都仍然相信，我们必须考虑到这种可能性，即性本能本身的某些性质不利于实现完整的满足。[2]

除了这一点，弗洛伊德当时还认为文化成就是性本能冲动在某些方面升华的结果，这些方面因为受到文明的限制而无法直接表达。尽管弗洛伊德曾有过这些论述和想法，但他和他的理论追随者仍然认为性满足代表着理想。

然而，坠入爱河的体验并不仅仅是对性结合的渴望或实现。对大多数人来说，坠入爱河是人们所能遇到的最为强烈的情感体验之一。当人们处于恋爱之中时，他们通常会感受到一种欣喜若狂的完整感，既是与外部世界，又是与内在自我：这种完整感来自和心爱之人的相遇，它可能需要爱人的持续存在，但并不一定要求爱人实际在场。恋爱通常被认为是最亲近、最密切的人际关系；这种心理状态一旦被触发，就可能会持续一段时间，而不需要与爱人有任何实际的接触。就连大地也露出了笑脸——这种感觉虽然可能只是主体内心幸福的投射，但从某种意义上来说，感觉世界上的一切都很美好，这或许也能切实促进人们更好地适应世界。恋爱中的人眼中的世界满是爱与美好，而他们对这样的世界亦是无比热爱。

在第 5 章中，关于其他生物我曾做过一个拟人的假设：或多或少能够完全适应环境的生物，我们可以认为它是“快乐的”。我认为恋爱中的人之所以能体验到幸福，是因为他们在短时间内觉得自己完全适应了周围的世界，内心也充满了狂喜的和谐与完整感。恋爱的状态持续存在时，现实和想象世界之间似乎不再有差异。人对“想象的渴求”也得到了暂时的满足。这不是一种性迷恋。虽然性爱过程有时会带来极大的满足感，给人以平静放松的感觉，但“恋爱”的状态是另外一回事。狂喜与性高潮不同，恋爱是一种更接近狂喜的心理状态，而非高潮。正如英国学者玛格妮塔·拉斯基（Marghanita Laski）在《狂喜》(*Ecstasy*) 一书中指出的那样，只有那些没有正常性生活经验的人才会用性意象来描述狂喜。[3]

弗洛伊德当然了解性满足和恋爱带来的完整感之间的差异，但他赞扬前者，诋毁后者。第 3 章曾简要提到了弗洛伊德和罗曼·罗兰关于“广阔无垠的感觉”的讨论。我们当时说过，弗洛伊德将这种感觉定义为“一种不可分割的联结，一种与外部世界融为一体的感觉”。[4] 弗洛伊德接着将它与恋爱的感觉进行了比较。

> 在恋爱的巅峰时刻，自我和客体之间的界限存在消失的风险。一个坠入爱河的人会不顾一切理智，宣称“我”和“你”是一体的，而且表现得好像这是事实一样。[5]

我在第 3 章中提过，弗洛伊德正确地看到了与宇宙融为一体和与爱人融为一体之间的相似性，但错误地将这些体验视为倒退的幻觉。

与宇宙的完美和谐、与他人的完美和谐以及自我内部的完美和谐，这三者是紧密相连的。事实上，我认为它们本质上是同一种现象。这些体验的触发因素有很多种。玛格妮塔·拉斯基将“自然、艺术、宗教、性爱、分娩、知识、创作、某些形式的运动”[6]列为最常见的触发因素。第3章中，伯德上将所描述的与宇宙融为一体的感觉，就是一个典型的例子，其触发因素是孤独、寂静和南极的壮丽风光。这种体验也可以在没有任何外部刺激的情况下自然地生发于孤独中。这种先验体验与创作过程的方方面面密切相关，比如突然能够理解以前似乎无法理解的东西，或者通过将以前看似完全分离的概念联系起来，并建立一种新的统一。

柏拉图的神话准确描述了人类的情况，它将人描绘成一种不完整的生物，而且在不断地追求完整或统一，但是这个神话有其局限性，即用性关系代表完整。事实上，事物的突然融合或突然理解生命的意义，这些先验经验甚至可以由数学这种与人完全无关的事物触发。伯特兰·罗素就曾描述过这种时刻。

> 11岁时，我开始学习欧几里得几何学，哥哥是我的老师。这是我一生中的重大事情之一，就像初恋一样令人目眩神迷。我没想到世上竟有如此令人愉快的东西。[7]

爱因斯坦在12岁时也被欧几里得深深触动，在学年开始时，他收到了一本阐述欧几里得平面几何的书。

在C. P. 斯诺的早期小说中，有一个很好的例子阐述了科学发现触发了这种广阔无垠之感。玛格妮塔·拉斯基在《狂喜》中也使用了同样的例子并强调，即使性高潮体验可能与狂喜体验存在一些相同的特征，但狂喜体验的顺序有所不同。在斯诺的这本明显带有自传性质的小说中，年轻的科学家刚刚得到确认，他在晶体的原子结构方面的苦心研究最终被证明是正确的。

当时欣喜若狂盈满心头。我曾经试着展示一些科学带给我的高光时刻：比如父亲跟我谈论恒星的那天晚上，比如卢亚德的课、奥斯汀的开场报告，还有我首次研究的完成。但这次与之前任何一次都不同，完全不同，性质上就不一样。它离我本身更加遥远。我自己的胜利、喜悦和成功就在那里，但这些似乎全都微不足道，唯有这种平静的狂喜。就好像我在寻找一个自我之外的真理，然后突然发现它在一瞬间成了我所寻求的真理的一部分；就好像整个世界、原子和恒星都非常清晰，又离我很近，我离它们也很近，于是我们便组成了清晰的一部分，这种清晰透彻比任何奥秘都要精彩绝伦。

我从来没想到这种时刻会真的存在。当初带给奥黛丽欢乐的同时我自己也会感到满足，或许在那种喜悦中我已经捕捉到了一些相似的感觉；还有可能在与朋友的交往中感受过，比如有那么一两次难得的时刻，我深深地沉浸在为了共同目标而努力的过程中；但事实上，这些瞬间只是有点这种体验的意味，还不能算是真正的体验。

从那以后，我再也没有感受到那种体验了，但是它的影响将伴随我一生。在我年少轻狂的时候，我曾嘲笑那些神秘主义者，他们描述了与上帝合一、成为万物一部分的经历。那天下午之后，我再也嘲笑不起来了；虽然我应该会用另一种方式来解释这种体验，但我想我知道他们的意思。[8]

弗洛伊德驳斥了将广阔无垠之感视作倒退回婴儿情感状态的幻觉这种说法。这种并非根植于身体的融合或“完整”可能是一种有效而重要的体验，是人类努力追求的一种理想，在弗洛伊德看来，这种观念似乎是对人类肉体严酷事实的逃避。弗洛伊德总是倾向于将那些难以追溯到肉体或与肉体联系起来的体验视为不真实的心理体验。这体现了他思想上的局限性，我们在讨论他对幻象的态度时也能有所体会。

精神分析最初发展成为一种治疗方法的时候，弗洛伊德建议不要接收 50 岁以上的患者，因为在大多数情况下，他们的心理机制缺乏弹性，难以有效改变。精神分析技巧要求对过去进行细致严谨的重建，所以弗洛伊德还认为，50 多年的漫长人生必然积累了大量生活经历，这会使治疗无休止地延长。尽管现代的弗洛伊德学派的治疗师也会经常治疗中年及以上的患者，但精神分析始终是为了推动对幼年及青年时期的理解，帮助个体从亲子情感关系中解放出来。幼年及青年时期也是生命中性冲动最为强烈的时期，是解决性问题最有成效的时期。

但是，无论人们多么由衷地支持生物进化论的观点，认为人类的首要生物性任务就是自我繁殖，但事实是，生命周期如此之长，至少对女性来说远远不只有生育期，这让人们开始怀疑促进繁衍的行为是否真的如此重要。荣格所说的“人的后半生”肯定还有其他意义和目的。

中年人的问题就留待荣格及其追随者关注了。荣格对心理学和心理治疗的主要贡献在于成人发展领域，他对童年时期的关注相对较少，他认为如果儿童表现出神经质痛苦，则通常应该通过研究其父母的心理来寻找问题的答案，而不是研究儿童自己的心理。

荣格对成人发展问题的兴趣源于他本人在 1913 年至一战结束期间所经历的危机。在第 7 章一开始我们提到了荣格的这段痛苦经历。1913 年 7 月，荣格年满 38 岁。彼时的荣格已经结婚，有了自己的孩子和家庭，而且是世界知名的精神病学家。他本来希望能与弗洛伊德一起发展一门新的心理科学，但内心的某种力量违背了他自己的意愿，促使他发展出自己的个人观点。最初的成果便是 1912 年出版的英文版原名为《无意识心理学》（*Psychology of the Unconscious*）的书。荣格在他的自传中描述了在长达两个月的时间里他无法完成最后几章的经历，因为他知道弗洛伊德会将他俩的分歧视为背叛。两位心理学先驱之间产生隔阂这一令人遗憾的故事可以从《弗洛伊德与荣格的书信》（*The Freud-Jung Letters*）中看到。

荣格是第一位将人们的注意力集中到现在大家熟知的“中年危机”上的精神病学家。痛苦迫使他进行了长时间的自我分析，并记录下了自己的幻觉和梦境，其中很多是可怕的威胁。但正是在这段危险时期，荣格形成了自己的个人观点。他写道：

追寻内心意象的那些年是我生命中最重要的时光——其他一切皆发源于此。[9]

经过自我分析以后荣格确信，年轻人的任务主要是从原生家庭中解放出来，塑造独立的自我立于世间，并成立自己的新家庭，中年人的任务则是发现和表达自己作为个体的独特性。荣格将人格定义为“生物内在特质的最高实现”。[10]

这种追求根本上并不是以自我为中心，因为在荣格看来，个性的本质只有在当事人意识到内心力量的方向时才能体现出来，这种力量不是他自己形成的。人在中年变得神经质，是因为在某种意义上他欺骗了自己，偏离上天安排的道路太远。通过仔细聆听内心的声音，关注其在梦境、幻想和其他无意识的衍生物中的表现，迷失的灵魂可以重新找回正确的道路，荣格就是这样成功的。患者确实需要保持一种虔诚的态度或“信仰”，当然这不是在要求人们信奉什么人格神或遵守某种公认的宗教信条。

荣格在童年时就发现自己无法再信奉父亲给他灌输的正统新教，他的父亲是瑞士新教的牧师。有人可能会说，荣格后来的所有作品都代表了他在尝试寻找一种新的方式，来替代他丧失的信仰。这种推测或许有趣，但终究还是不够重要。无论荣格的思想是否源于个人冲突，都不会对他的思想产生影响，既不会肯定也不会否定。正如他的一句名言所说：

所有生命到了后半程的患者（也就是35岁以上），没有一个不把寻找一种虔诚的人生观作为解决问题的最终手段……当然，这与某种特定的信仰或成为教会成员无关。[11]

因为弗洛伊德认为宗教信仰不过是一种幻觉，所以弗洛伊德派的分析师更愿意相信弗洛伊德的说法证明了荣格冥顽不化的蒙昧主义。然而，正如弗洛伊德派的分析学家查尔斯·里克罗夫特所指出的：

精神分析和那些在自我中寻找上帝的宗教表述之间似乎没有必然的不相容性。弗洛伊德的本我［甚至更像是乔治·格罗德克（Georg Groddeck）的“本我”（拉丁文为“It”）］这种内心的非人格性力量，既是自我的核心又不是自我，人在患病时会与自我疏离，事实上我们可以说这就是对宗教人士信仰内在上帝的一种世俗化表述。[12]

荣格后来专攻中年个体的精神治疗。

在我掌握的临床资料构成中有一个特点：新病例明显占少数。大多数患者已经接受过某种形式的心理治疗，可能有点效果，也可能产生了负面影响。约有 1/3 的病例并没有患任何临床定义的神经症，而只是觉得失去了生活的意义和目标。如果这被称为我们这个时代的普遍性神经症，我不会反对。我的患者里有 2/3 处于后半生阶段。这一人群对理性的治疗方法产生了特殊的抵抗力，可能是因为我的大多数患者都是社会适应能力很强的个体，而且往往能力出众，所以正常化的治疗手段对他们来说毫无意义。[13]

这些个体在荣格的指导下走上的自我发展之路被他命名为“自性化的过程”。这个过程趋向一个被称为“完整”或“整合”的目标：这是一种心理状态，在这种状态下，不同心理元素，无论是有意识的还是无意识的，都会结合到一起构成一个新的统一体。如本章开篇引用的诗句所述，华兹华斯在他的长诗《序曲》（*The Prelude*）中描述了这一过程。这个目标永远不可能完全或彻底实现，接近这个目标的人会拥有荣格所说的：

一种超越情感纠葛和剧烈冲击的态度——一种脱离世界的意识。[14]

这种新的整合本质上是一个内部问题，一种发生于个人内心的态度转变，它是由分析师推动产生的，但与前面讨论的基于

“客体关系”理论的心理治疗有所不同，它主要不是因为患者与分析师之间的关系发生了变化。事实上，当这些社会适应更好的患者开始自性化过程时，荣格就会鼓励患者像他那样独自探索追求，只有在患者需要他的特定评论或者出现特别难以把握的情况时，才会让患者把自己的梦境和幻觉告知他。

荣格鼓励患者把一天中的某段时间留出来进行所谓的“积极想象”。在这种幻想状态下，所有评判都被暂停，但是意识得到了保留。被试需要注意自己产生了怎样的幻觉，然后让这些幻觉在没有意识干预的情况下自寻其路。通过这种方式，被试可以重新发现自己隐藏的内心，也可以描绘他正经历的心路历程。

我之前从事心理治疗的时候，有时会对患有抑郁症的中年患者采用这种方法。这类患者往往由于职业和家庭的需要而忽视或放弃了早年曾赋予他们生活热情和意义的追求和兴趣。如果鼓励患者回忆自己在青少年时代所做的那些充满意义的事，他就会开始重新发现被自己忽视的一面，也许会再次开始追求音乐、绘画，或曾经让他着迷但因生活压力而被迫放弃的其他文化或知识追求。

坚持积极想象不仅会让人重新发现人格中被忽视的地方，还会产生态度的转变，让人意识到他的自我或意志不再是最重要的，而且必须承认个体依赖一个并非由他制造的整合因素。荣格写道：

如果无意识能与意识一起被视为共同决定因素，如果我们能以一种尽可能考虑意识和无意识需求的方式生活，那么整体人格的重心就会发生转移。这个重心将不再位于自我中，因为自我仅仅是意识的中心，它将位于意识和无意识之间的某一假设点上。这个新的中心可以被称为自性（Self）。[15]

荣格将达到这一点描述为历经漫长而徒劳的挣扎后获得了内心的平静。他写道：

如果要总结人们告诉你的那些经历，你可以这样表述：他们醒悟过来，他们可以接受自己，他们能够与自己和解，由是也和不利的环境与事件和解了。[16]

这种治愈并非通过洞察了解，也不是通过与另一个人建立新的、更好的关系，甚至不是通过解决特定问题，而是通过内心态度的改变来实现的。

荣格引用了一名已经康复的患者的信来说明他所指的这种变化。

我就是因祸得了不少福。就这样保持安静，不去压抑，保持专注，接受现实——接受事物的本来面目，不按照自己的想法强求，通过这些方式，我获得了非同一般的认知，也获得了不同寻常的力量，这是我以前从未想象过的。我一直以为当我们接受事物时，它们就会以某种方式压倒我们。事实证明这根本不是真的，只有接受它们，人们才能对它们采取一种态度。所以现在我打算秉持游戏人生的态度，接受一切的自然而然，好与坏、太阳与阴影永远都在交替，我也以这样的方式去接受自己的天性，无论积极还是消极。就这样，一切对我来说都变得更有活力了。过去的我真是个傻瓜！一直在努力迫使一切按照我认为应该的方式进行！[17]

哲学家威廉·詹姆斯也描述了类似的情况：

我会经常分析所有内心平衡的转变和个人能量中心的变化，而从紧张、自我负责、担忧到平静、接受、平和的转变是最为奇妙的一种；其中最奇妙之处在于，这种转变往往不是通过做什么来实现的，而是通过简单地放松和放下负担实现的。[18]

这三位作者所描述的心理状态显然不仅仅是有益的顺从，也不同于狂喜状态的强烈，后者是突然触发而生，通常只是短暂存在。威廉·詹姆斯写道：

这种神奇的状态不可能持续很长时间。除了极少数情况以外，一般也就持续半个小时，最多一两个小时，时间再久好像就会淡入庸碌的日常生活中。耀眼色彩消退以后，通常还能在记忆中寻得丝缕，只是不能再完美复现，但是当它们再次出现时，又能即刻被识别出来；一次复一次的重现之间，这种体验便能够在内心的富足感和重要性当中得到持续的发展。[19]

自性化的终点与狂喜状态都能促成内心新的完整的体验，荣格将其描述为意识和无意识之间的一种新的互惠。平和的感受、与生活和解、成为伟大整体的一部分，这些感觉是非常相似的。

威廉·詹姆斯在其“分裂的自我”（The Divided Self）一章中探讨了完整的过程。

它可能是逐渐发生的，也可能是突然发生的；它可能来自感觉的改变，也可能来自行动力量的改变；或者，它可能来自新的智慧洞察，也可能来自我们之后不得不称之为“神秘”的经历。不管怎样发生，它都会带来一种特有的解脱；当它被置于宗教模式中时，就会带来前所未有的解脱……但宗教只是实现完整的众多途径之一；而补救内心的不完整和减少内心的不和谐是一种普遍的心理过程，它可能发生于任何一种心理类型，而且不一定是以宗教形式实现。[20]

无论这些完整统一的体验是突然发生还是逐渐发生的，它们都会令人惊叹，而且往往会给心灵留下永久的影响。然而，要是以为人们达到这种平和的状态后就可以持续或永远维持这种状态，那可太天真了。在第 3 章中，我们提到了狂喜的精神状态与死亡的联系。如果生命还要继续，那么人就不可能永远停留在海洋般浩渺的宁静之中。自相矛盾的是，人类需要适应世界正是因为他们“没有”完全适应环境，“没有”处于心理平衡状态，而这就是本书的重要主题之一。因为完整而感受到的欣喜若狂必然是短暂的，因为它并不存在于人类所特有的“因为不适应而适应”的模式中。愚昧的极乐不利于创造：对想象的渴求以及对完整的渴望和追求源自对缺失和不完整的认知。

荣格的整合观实际上并不是一种静态的心理状态，虽然有时会被误解为是静态的。在荣格看来，人格发展至整合状态和心理健康是永远无法完全实现的理想，或者如果暂时实现了，以后也必然被取代。荣格认为，实现人格的最优发展是一项终生的任务，永远无法完成；这个旅程就像一个人满怀希望地出发前往一个永远不会到达的目的地一般。

在分析过程中获得的新态度迟早会以这样或那样的方式变得不够好，这是必然结果，因为生命的流动总是一次又一次地要求新的适应。适应永远不会一劳永逸……穷尽所有手段也极不可能会有一种治疗方式能够终结所有困难。人需要困难，它们对健康必不可少。在这里我们担心的只是困难的数量太多。[21]

自性化的道路和态度上发生的转变与天才人群对创作过程的描述高度匹配。第一，诞生新想法或新灵感时的心理状态正是荣格向患者建议的所谓的“积极想象”。虽然偶尔会有新的创作或假设萌芽于梦中，但到目前为止，大多数新想法都发生在幻想中，也就是介于清醒和睡眠之间的状态。叶芝和华兹华斯等诗人有时把这种状态描述为似梦似醒。在这种心理状态下，思想和意象可以自然地出现和发展，同时主体还保有足够的清醒和意识，从而能够观察和记录这些过程。无论是进行“积极想象”的患者，还是追寻灵感的创作者，都需要让一切在大脑中顺其自然地发展。

很多作家都描述过，他们创作的人物角色似乎有自己的独立生活，他们有时似乎笔不由衷，像是被某种力量引导着，不被自己的意志左右。例如，威廉·萨克雷（William Thackeray）㊀曾经这样记录：

我曾惊讶于笔下的一些角色所具有的观察力。似乎有一种神秘的力量在移动这支笔。有时角色做了什么或说了什么，我就会问他，究竟是怎么想到这点的？[22]

乔治·艾略特（George Eliot）告诉 J. W. 克罗斯（J. W. Cross）：

在她认为的自己最好的作品中，有一种“非她本人”的力量占据了她，她觉得自己的个性仅仅是这种力量发挥作用的工具。[23]

㊀ 英国作家，与狄更斯齐名，维多利亚时代的代表小说家，代表作有《名利场》以及《班迪尼斯》等。——译者注

尼采在他的《查拉图斯特拉如是说》(*Thus Spoke Zarathustra*)中写道：

> 19 世纪末，有谁清楚地知道，正当盛年的诗人曾是如何描述灵感的？假如没有，我愿意做一番描述。——其实，假如一个人还带有哪怕一点儿迷信残余，他就几乎无法拒绝这种表象，以为人只是化身，只是喉舌，只是超强力的媒介。[24]

第二，创造力通常包括在原本各异的实体之间构建新的联系，即荣格所描述的对立统一。这种联系的构建在科学创造力方面是显而易见的，比如一个新的假设调和或取代了先前被认为互不相容的观点。开普勒描述了行星环绕太阳的运动，伽利略描述了物体在地球表面的运动。在牛顿之前，这两种运动定律一直被认为是相互独立的。后来，牛顿认为引力的作用可以延伸到很远的距离，这一想法使他能够将开普勒和伽利略的发现结合起来，于是天上的物体运动和地球表面的物体运动遵循了同样的普遍规律。

对立的结合也能见于视觉艺术和音乐中。一幅画作的美学效果通常取决于画家平衡和组合对立的形式和颜色的技巧。音乐中的奏鸣曲式的呈示部通常包括两个不同主题，然后第一主题和第二主题会在发展部以各种方式并置和组合。我们对这类音乐的喜爱取决于作曲家的技巧，从最初看似相当独立的不同主题中创作出新的统一。

第三，创作过程贯穿一生。没有创作者会满足于既成的一切。新问题会不断出现，迫使他寻求新的解决办法。已经完成的作品只是中途停顿，只是漫长旅程的中转站，就像荣格所描绘的人格发展之路一样，这是一段永远无法完成的旅程。事实上，艺术家的作品是其内在人格发展的一种对外展示。前面我们讨论过，随着年龄增长，富有创造力的人的作品也会呈现出一定变化。

第四，创作过程和自性化过程主要都是在孤独中发生的现象。尽管荣格对自性化过程的论点是来自他对患者的观察，也就是说患者正在接受分析，因此受到他的详细观察并与他存在某种联系，但荣格认为自性化是心理发展的自然之路，不会受到分析师的影响。其实我在前面也提过，荣格竭力引导那些“社会适应更好”的患者尽量保持独立，并鼓励他们自行探索心理发现之路，只在情况特别难以把握时才会干预。

人类的大脑构造似乎决定了，发现或感知到外部世界的秩序或统一以后，再经过反映、转移和体验，似乎成了内心世界的一种新秩序和平衡的发现。这似乎是一个不太可能的假设，但审美以及艺术作品的创作都依赖于此。我们在前面引用了 C. P. 斯诺的小说，生动展示了一个新的科学发现、一个“外部”的新真理让科学家感受到自我认同的过程，因此也就成了“内部”体验。由于外部事件和内部体验相互作用，所以在一幅画中看到色彩和量感的完美平衡，或者在一段音乐中听到对立主题的融合，会给鉴赏者或听众带来一种新的、完整的绝妙体验，就好像发生在自己的内心一般。同样，减少内心的不和谐以及实现内心一定程度的统一，也会对人感知和联结外部世界起到积极影响。

除了荣格以外，唯一一位特别关注完整体验或其治疗效果的心理学家是亚伯拉罕・马斯洛（Abraham Maslow），他写了大量关于“巅峰体验”（peak experiences）的文章。在他看来，拥有这种体验的能力是心理健康的标志，是人们“自我实现”的一种标志。

我感觉，创造性概念似乎越来越接近健康的、自我实现的、人性丰满的人的概念，而且最终可能会证明是同一回事。[25]

马斯洛继续研究创造性态度，他观察到：

富有创造力的人在创作激情的灵感阶段，会忘掉过去、不思未来，而只活在当下。他全神贯注，完全沉浸于当下，被当下、被眼前的问题深深吸引……这种“沉迷于当下”的能力似乎正是所有创造力的必要条件。无论在什么领域，这种忘时、忘我以及置身于空间、社会、历史之外的能力总是与创造力的某些先决条件有一定的关联。事情已经开始明显起来，那就是这种现象成了一种被稀释的、世俗化的、更常见的神秘体验，经常被人们描述，甚至已经成为赫胥黎所谓的“长青哲学”（The Perennial Philosophy）了。[26]

此外，马斯洛还意识到，创造性的态度和拥有高峰体验的能力取决于远离他人的束缚，特别是从神经质的折磨和“童年遗留下来的问题”中解脱出来，同时还要从义务、责任、恐惧和希望中解脱出来。

我们越来越不受他人束缚，也就是说我们更像我们自己，“真实自我”（Real Selves，霍妮），我们真正的自我，我们真正的身份。[27]

因此，马斯洛的态度与客体关系理论家截然不同，后者倾向于认为生命的意义总是与人际关系联系在一起。

本书一开始就指出，许多富有创造力的人主要是孤独的，但若因此就认为他们必然不快乐或神经质，那就是无稽之谈了。虽然人是一种社会存在，也的确需要与他人互动，但是人们在人际关系的深度上存在着相当大的差异。所有人都需要兴趣爱好和人际关系，而这些当中既有面向非个人的，也有面向个人的。幼儿时期的经历、遗传的天赋和能力、性情的差异以及一系列其他因素都可能影响个人的选择，他们可能更多地依赖人际关系，也可能主要是从孤独中寻求生活的意义。

独处的能力被概括为一种宝贵的力量，能够帮助人们学习、思考、创新、适应变化，以及与内心想象世界保持联系。我们发现，即使是那些建立亲密关系的能力受损的人，也能通过发展创造性想象力达到治愈的效果。我们还举了一些例子，证明有创造力的人主要关注的是生活的意义和秩序，而不是与他人的关系；而且我们认为，他们对非个人方面的关注会随着年龄的增长而增加。人们对世界的适应很大程度上取决于想象力的发展，因此也取决于内心世界的发展，而内心世界与外部世界必然存在不一致。完美的幸福感，内部与外部世界完全和谐而产生的海洋般浩渺的感觉，都只会短暂存在。人总是在寻找幸福，可是就本性而言，无论是在人际关系中还是在创造性追求中，人都无法最终或永久地实现幸福。贯穿本书的一点就是，个体所能感受的一些最深刻、最治愈的心理体验都是在内心发生的，如果真与他人的互动交往存在关系的话，那也只是稍有关联而已。

要想获得最幸福的生活，或许就不该把人际关系抑或非个人的兴趣理想化为唯一的救赎之路。对完整的渴望和追求必须同时包括人性的这两个方面。

本章开篇引用的诗句摘自华兹华斯的《序曲》，现在用它来结尾再合适不过了。

当匆忙的世界使我们长久疏离
更好的自己，日益消沉低迷，
厌倦了这每日琐事和欢愉，
多渴望孤独：她那般亲切、仁慈。[28]

注　　释

引言

1. Edward Gibbon, *Memoirs of My Life and Writings*, edited by G. Birkbeck Hill (London, 1900), pp. 239-41.
2. Lytton Strachey, *Portraits in Miniature* (London, 1931), p. 154.
3. Edward Gibbon, *op. cit.*, p. 236, note 3.
4. *Ibid.*, p. 244.

第 1 章　人际关系的意义

1. Ernest Gellner, *The Psychoanalytic Movement* (London, 1985), p. 34.
2. Sigmund Freud, *Letter to Pfister* (1910), quoted in Ernest Jones, *Sigmund Freud,* Ⅱ (London, 1955), p. 497.
3. Sigmund Freud, 'Transference', Lecture XXⅦ in *Introductory Lectures on Psycho-Analysis*, Standard Edition, edited by James Strachey, 24 volumes, XⅥ (London, 1963), pp. 431-47.
4. Peter Marris, 'Attachment and Society', in *The Place of Attachment in Human Behavior*, edited by C. Murray Parkes and J. Stevenson-Hinde (London, 1982), p. 185.
5. Robert S. Weiss, 'Attachment in Adult Life', in *The Place of Attachment in Human Behavior, op. cit.*, p. 174.
6. John Bowlby, *Loss, Sadness and Depression*; *Attachment and Loss,* Ⅲ (London, 1980), p. 442.

第 2 章　独处的能力

1. Bernard Berenson, *Sketch for a Self-Portrait* (Toronto, 1949), p. 18.

2. A.L. Rowse, *A Cornish Childhood* (London, 1942), pp. 16-18.
3. Donald W. Winnicott, 'The Capacity to be Alone', in *The Maturational Processes and the Facilitating Environment* (London, 1969), p. 29.
4. *Ibid.*, p. 33.
5. *Ibid.*, p. 34.
6. *Ibid.*, p. 34.
7. William C. Dement, *Some Must Watch While Some Must Sleep* (San Francisco,1972), p. 93.
8. Stanley Palombo, *Dreaming and Memory* (New York, 1978), p. 219.
9. David Stenhouse, *The Evolution of Intelligence* (London, 1973), p. 31.
10. *Ibid.*, p. 67.
11. *Ibid.*, p. 78.

第 3 章　孤独的用处

1. Colin Murray Parkes, *Bereavement*, second edition (Harmondsworth, 1986), pp. 158-9.
2. Loring M. Danforth, *The Death Rituals of Rural Greece* (Princeton, 1982), pp. 143-4.
3. *Ibid.*, p. 144.
4. Richard E. Byrd, *Alone* (London, 1958), p. 7.
5. *Ibid.*, p. 9.
6. *Ibid.*, pp. 62-3.
7. *Ibid.*, p. 206.
8. William James, *The Varieties of Religious Experience* (London, 1903), p. 419.
9. Sigmund Freud, *Civilization and Its Discontents*, Standard Edition, edited by James Strachey, 24 volumes, XXI (London, I961), pp. 64-5.
10. *Ibid.*, p. 67.
11. *Ibid.*, p. 72.
12. *Ibid.*, p. 72.
13. Richard Wagner, in *Wagner on Music and Drama: A Selection from*

Richard Wagner's Prose Works, arranged by Albert Goldman and Evert Sprinchorn, translated by H.Ashton Ellis (London, 1970), pp. 272-3.
14. Glin Bennet, *Beyond Endurance* (London, 1983), pp. 166-7.
15. Christiane Ritter, translated by J. Degras, *Woman in the Polar Night* (London, 1954), p. 144.
16. John Keats, 'Ode to a Nightingale', Noel Douglas replica edition (London, 1927) of Taylor and Hessey edition (London, 1820), pp. 110-11.

第 4 章　被迫孤独

1. Norval Morris, *The Future of Imprisonment* (Chicago, I974), p. 4.
2. Ida Koch, 'Mental and Social Sequelae of Isolation', in *The Expansion of European Prison System*, Working Papers in European Criminology No. 7, edited by Bill Rolston and Mike Tomlinson (Belfast, 1986), pp. 119-29.
3. Christopher Burney, *Solitary Confinement* (London, 1952).
4. Bruno Bettlheim, *Surviving and Other Essays* (London, 1979), p. 103.
5. Yehudi Menuhin, *Theme and Variations* (New York, 1972), p. 103.
6. Quoted in Maynard Solomon, *Beethoven* (London, 1978), p. 117.
7. *Ibid.*, p. 124.
8. André Malraux, *Saturn*: *an Essay on Goya* (London, 1957), p. 25.
9. Francisco Goya, quoted in Kenneth Clark, *The Romantic Rebellion* (London, 1973), p. 95.
10. Stanley Cohen and Laurie Taylor, *Psychological Survival* (New York, 1972), p. 110.
11. Joseph Frank, *Dostoevsky*: *The Years of Ordeal, 1850-1859*, 5 volumes (Princeton,1983), II, p. 122.
12. Arthur Koestler, *Kaleidoscope* (London, 1981), pp. 208-15.

第 5 章　想象的渴求

1. Samuel Johnson, *The History of Rasselas, in Samuel Johnson*, edited by

Donald Greene (Oxford, 1984), p. 387.
2. Sigmund Freud, 'Creative Writers and Day-Dreaming', Standard Edition, edited by James Strachey, 24 volumes IX (London, 1959), p. 146.
3. *Ibid.*, p. 145.
4. Sigmund Freud, 'Formulations on the Two Principles of Mental Functioning', Standard Edition, XII (London, 1958), p. 219.
5. Francisco Goya, Epigraph to *Los Caprichos*.
6. Sigmund Freud, *op. cit.*, XII, p. 224.
7. Donald W. Winnicott, 'Transitional Objects and Transitional Phenomena' (1951), in *Through Paediatrics to Psycho-Analysis* (London, 1975), pp. 229-42.
8. S. Provence and R. C. Lipton, *Infants in Institutions: A Comparison of Their Development with Family Reared Infants During the First Year of Life* (New York, 1962).
9. Donald W. Winnicott, *Playing and Reality* (New York, 1971), p. 65.

第6章　个体的意义

1. Anthony Storr, 'The Concept of Cure', in *Psychoanalysis Observed*, edited by Charles Rycroft (London, 1966), p. 72.
2. Germain Bazin, translated by F. Scarfe, *A Concise History of Art* (London, 1962), p. 11.
3. Herbert Read, *Icon and Idea* (London, 1955), p. 27.
4. Germain Bazin, *op. cit.*, p. 24.
5. Raymond Firth, *Elements of Social Organization*, third edition (London, 1961), p. 173.
6. Colin Morris, *The Discovery of the Individual* (London, 1972), p. 88.
7. Jacob Burckhardt, *The Civilization of the Renaissance in Italy*, second edition (Oxford, 1981), p. 81.
8. Edward O. Wilson, *Sociobiology: The New Synthesis* (Cambridge, Mass., and London, England, 1975), p. 564.

9. Raymond Firth, *op. cit.*, p. 171.
10. Edmund Leach, edited by F. Kermode, *Social Anthropology* (London, 1982), pp. 139-40.
11. Peter Abbs, 'The Development of Autobiography in Western Culture: from Augustine to Rousseau' (unpublished thesis, University of Sussex, 1986), p. 130.
12. *Ibid.*, pp. 131-2.
13. Bruno Bettelheim, *The Children of the Dream* (London, 1969), p. 212.
14. Urie Bronfenbrenner, *Two Worlds of Childhood: US and USSR* (London, 1971), pp. 10-11.
15. Christopher Brooke, *The Monastic World, 1000-1300* (London, 1974), pp. 114-15.

第 7 章　孤独与性情

1. C. G. Jung, *Memories, Dreams, Reflections*, edited by Aniela Jaffe, translated by Richard and Clara Winston (London, 1963), p. 170.
2. C. G. Jung, *Two Essays on Analytical Psychology, Collected Works*, edited by Herbert Read, Michael Fordham and Gerhard Adler, translated by R. F. C. Hull, 20 volumes, VII (London, 1953), p. 40.
3. *Ibid.*, p. 41.
4. *Ibid.*
5. Wilhelm Worringer, *Abstraction and Empathy*, translated by Michael Bullock (London, 1963), p. 5.
6. *Ibid.*, p. 4.
7. *Ibid.*, p. 36.
8. Howard Gardner, *Artful Scribbles* (New York, 1980), p. 47.
9. Sigmund Freud, 'Mourning and Melancholia', Standard Edition, edited by James Strachey, 24 volumes, XIV (London, 1957), pp. 243-58.
10. Mary Main and Donna R. Weston, 'Avoidance of the Attachment Figure in Infancy: Descriptions and Interpretations' in *The Place of Attachment in Human Behavior*, edited by Colin Murray-Parkes and

Joan Stevenson-Hinde (London, 1982), p. 46.
11. *Ibid.*, p. 46.
12. *Ibid.*, p. 52.
13. Franz Kafka, *Letters to Felice*, translated by James Stem and Elizabeth Duckworth, edited by Erich Heller and Jürgen Born (London, 1974), p. 271.
14. *Ibid.*, pp. 155-6.
15. Erich Heller, *Franz Kafka* (New York, 1975), p. 15.
16. Quoted by Allan Blunden in 'A Chronology of Kafka's Life', in *The World of Franz Kafka*, edited by J. P. Stem (London, 1980), p. 28.
17. W. B. Yeats, 'The Second Coming', *The Collected Poems of W. B. Yeats*, second edition (London, 1950), p. 211.

第 8 章 分离、孤立与想象力的提升

1. Anthony Trollope, *An Autobiography* (London, 1946), pp. 54-5.
2. C. P. Snow, *Trollope* (London, 1975), p. 9.
3. Humphrey Carpenter, *Secret Gardens* (London, 1987), pp. 138-41.
4. Margaret Lane, *The Tale of Beatrix Potter* (London, 1970), p. 9.
5. *Ibid.*, p. 38.
6. *Ibid.*, p. 50.
7. Humphrey Carpenter, *op. cit.*, p. 138.
8. Vivien Noakes, *Edward Lear* (London, 1985), p. 14.
9. *Ibid.*, p. 107.
10. Charles Carrington, *Rudyard Kipling* (Harmondsworth, 1970), p. 50.
11. Angus Wilson, *The Strange Ride of Rudyard Kipling* (London, 1977), p. 18.
12. *Ibid.*, p. 276.
13. A. J. Languth, *Saki* (Oxford, 1982), p. 14.
14. *The Bodley Head Saki*, edited by J. W. Lambert (London, 1963), p. 59.
15. Frances Donaldson, *P. G. Wodehouse* (London, 1982), p. 46.
16. *Writers at Work*, fifth series, edited by George Plimpton (Harmondsworth,

1981), p. 11.
17. Frances Donaldson, *op. cit.*, p. 44.
18. *Ibid.*, p. 50.
19. *Ibid.*, p. 3.
20. *Writers at Work*, first series, introduced by Malcolm Cowley (London, 1958), p. 132.

第9章　丧亲、抑郁与修复

1. Paul V. Ragan and Thomas H. McGlashan, ‘Childhood Parental Death and Adult Psychopathology’, *American Journal of Psychiatry*, 143: 2 (February1986), pp. 153-7.
2. George W. Brown and Tirril Harris, *Social Origins of Depression* (London, 1978), p. 240.
3. C. Perris, S. Holmgren, L. von Knorring and H. Perris, ‘Parental Loss by Death in the Early Childhood of Depressed Patients and of their Healthy Siblings’, *British Journal of Psychiatry* (1986), 148, pp. 165-9.
4. George W. Brown et al., *op. cit.*, p. 240.
5. John A. Birtchnell, ‘The Personality Characteristics of Early-bereaved Psychiatric Patients’, *Social Psychiatry*, 10, pp. 97-103.
6. Roger Brown, *Social Psychology, The Second Edition* (New York, 1984), pp. 644-5.
7. George W. Brown et al., *op. cit.*, p. 285.
8. Robert Bernard Martin, *Tennyson*: *The Unquiet Heart* (Oxford, 1980), p. 184.
9. Alfred Tennyson, *In Memoriam, v,* in *The Works of Alfred, Lord Tennyson* (London, 1899), p. 248.
10. Robert Burton, *The Anatomy of Melancholy*, edited by Holbrook Jackson (London, 1972), p. 20.
11. Robert Bernard Martin, *op. cit.*, p. 4.
12. *Ibid.*, p. 10.
13. *Ibid.*, p. 140.

14. Andrew Brink, *Loss and Symbolic Repair* (Ontario, 1977).
15. Andrew Brink, *Creativity as Repair* (Ontario, 1982).
16. David Aberbach, *Loss and Separation in Bialik and Wordsworth*, Proof texts (Johns Hopkins University Press, 1982), Vol. 2, pp. 197-208.
17. David Aberbach, *At the Handles of the Lock* (Oxford, 1984).
18. David Cecil, *The Stricken Deer, or The Lift of Cowper* (London, 1943).
19. William Cowper, *The Poetical Works of William Cowper*, edited by H. S. Milford (Oxford, 1934), Olney Hymn I, lines 9-12, p. 433.
20. William Cowper, *The Letters and Prose Writings of William Cowper*, edited by James King and Charles Ryskamp, 5 volumes, II (Oxford, 1981), letter to Joseph Hill, November1784, p. 294.
21. William Cowper, *Works, op. cit.*, lines17-20, lines11 8-21, p. 39, p. 396.
22. William Cowper, 'Lines Written During a Period of Insanity', lines 1-12, *Works,op. cit.*, pp. 289-90.
23. William Cowper, *Works, op. cit.*, 'The Shrubbery', lines 5-12, p. 292.
24. Samuel T. Coleridge, 'Dejection: An Ode', lines 31-8. *The Portable Coleridge*, edited by I. A. Richards (Harmondsworth, 1977), p. 170.
25. David Cecil, *op. cit.*, p. 206.
26. William Cowper, *Works, op. cit.*, The Task, III, lines 373-8, p. 172.
27. Stephen Spender, *World Within World* (London, 1951), p. 6.
28. John Keats, *The Letters of John Keats*, edited by M. B. Forman (Oxford, 1935), letter 134, p. 353.
29. David Aberbach, *Loss and Separation in Bialik and Wordsworth*, Proof texts (1982) Vol. 2, p. 198.
30. Andrew Brink, *Loss and Symbolic Repair* (Ontario, 1977), p. 115.
31. *Ibid.*, p. 117-18.
32. Boethius, *The Consolation of Philosophy*, translated by V. E. Watts (Harmondsworth,1969), pp. 66-7.
33. N. J. C. Andreasen and A. Canter, 'The Creative Writer', *Comprehensive Psychiatry*, 15 (1974), pp. 123-31.

34. Kay R. Jamison, 'Mood Disorders and Seasonal Patterns in top British Writers and Artists', unpublished data.

第 10 章 寻求一致性

1. Anthony Storr, *The Integrity of the Personality* (London, 1960), p. 24.
2. *Ibid.*, p. 27.
3. Heinz Kohut, *How Does Analysis Cure*? edited by Arnold Goldberg with the collaboration of Paul Stepansky (Chicago, 1984), p. 109.
4. *Ibid.*, p. 43.
5. Ronald D. Laing, *The Divided Self* (London, 1960).
6. Wystan H. Auden, *The English Auden*: *Poems, Essays and Dramatic Writings,1927-1939*, edited by Edward Mendelson, XLI, 'September1, 1939', line 88 (London, 1977), p. 246.
7. Charles Rycroft, *A Critical Dictionary of Psychoanalysis* (London, 1968), p. 100.
8. Jerrold N. Moore, *Edward Elgar* (Oxford, 1984), p. Ⅶ.
9. Morris N. Eagle, 'Interests as Object Relations', in *Psychoanalysis and Contemporary Thought* (1981), 4, pp. 527-65.
10. *Ibid.*, p. 532, note 2.
11. *Ibid.*, pp. 537-8.
12. Thomas De Quincey, 'The Last Days of Kant', in *The English Mail-Coach and Other Essays*, introduced by John Hill Burton (London, 1912), pp. 162-209.
13. Ben-Ami Scharfstein, *The Philosophers, Their Lives and the Nature of their Thought* (Oxford, 1980).
14. Bertrand Russell, *History of Western Philosophy* (London, 1946), p. 731.
15. Thomas De Quincey, *op. cit.*, p. 170.
16. Norman Malcolm, *Ludwig Wittgenstein, A Memoir*, with a Biographical Sketch by Georg Henrik von Wright (Oxford, 1958), p. 4.
17. Bertrand Russell, *The Autobiography of Bertrand Russell, 1914-1944*,

Vol. II (London, 1968), pp. 98-9.

18. *Ibid.*, p. 99.

19. Hermine Wittgenstein, 'My Brother Ludwig', in *Ludwig Wittgenstein, Personal Recollections*, edited by. Rush Rhees (Oxford, 1981), p. 9.

20. Norman Malcolm, *op. cit.*, p. 20.

21. M. O'C. Drury, 'Conversations with Wittgenstein', in *Ludwig Wittgenstein*, edited by Rush Rhees (Oxford, 1981), p. 140.

22. Anthony Storr, 'Isaac Newton', *British Medical Journal* (21-28 December1985), 291, pp. 1779-84.

23. Richard S. Westfall, 'Short-writing and the State of Newton's Conscience, 1662', *Notes and Records of the Royal Society*, 18 (1963), p. 13.

24. J. M. Keynes, 'Newton the Man', in G. Keynes (ed.), *Essays in Biography* (London, 1951), p. 311.

25. S. Brodetsky, *Sir Isaac Newton* (London, 1972), pp. 69, 89.

第 11 章 第三时期

1. Bernard Berenson, *The Italian Painters of the Renaissance* (London, 1959), p. 201.

2. Joseph Kerman, *The Beethoven Quartets* (Oxford, 1967), p. 12.

3. *Ibid.*, p. 184.

4. Martin Cooper, *Beethoven: The Last Decade* (London, 1970), p. 11.

5. Joseph Kerman, *op. cit.*, p. 322.

6. J. W. N. Sullivan, *Beethoven* (London, 1927), p. 225.

7. Wilfrid Mellers, *Beethoven and the Voice of God* (London, 1983), p. 402.

8. Maynard Solomon, *Beethoven* (London, 1978), p. 325.

9. Humphrey Searle, *The Music of Liszt* (New York, 1966), p. 108.

10. Malcolm Boyd, *Bach* (London, 1983), p. 208.

11. Mosco Carner, 'Richard Strauss's Last Years', in *The New Oxford History of Music*, X, edited by Martin Cooper (Oxford, 1974), p. 325.

12. William Murdoch, *Brahms* (London, 1933), p. 155.
13. Denis Arnold, 'Brahms', in *The New Oxford Companion to Music* (Oxford, 1983), p. 254.
14. J. A. Fuller Maitland, 'Brahms', in *Grove's Dictionary of Music and Musicians*, 5 volumes, third edition, edited by H. C. Colles, I, p. 452.
15. Friedrich Nietzsche, *The Case of Wagner*, translated by Walter Kaufmann (New York, 1967), p. 187.
16. Peter Latham, *Brahms* (London, 1966), p. 87.
17. Quoted in George R. Marek, *Richard Strauss* (London, 1967), p. 323.
18. Henry James, *The Ambassadors*, 2 volumes (London, 1923), I, p. 190.
19. Leon Edel, *The Life of Henry James*, 2 volumes (Harmondsworth, 1977), II, pp. 333-4.
20. Ralf Norrman, *The Insecure World of Henry James's Fiction* (London, 1982), p. 138.
21. *The Notebooks of Henry James*, edited by F. O. Matthiessen and Kenneth B. Murdock (Chicago, 1981), pp. 150-51.
22. Henry James, 'The Beast in the Jungle', in *The Altar of the Dead* (London, 1922), p. 123.
23. *Ibid.*, p. 114.
24. Quoted in Leon Edel, *op. cit.*, II, p. 694.
25. *Ibid.*, p. 538.

第 12 章　对完整的渴望与追求

1. Plato, *The Symposium*, translated by W. Hamilton (Hannondsworth, 1951), p. 64.
2. Sigmund Freud, *On the Universal Tendency to Debasement in the Sphere of Love*, Standard Edition, edited by James Strachey, 24 volumes, XI (London, 1957), pp. 188-9.
3. Marghanita Laski, *Ecstasy* (London, 1961), p. 148.
4. Sigmund Freud, *Civilization and Its Discontents*, Standard Edition, edited by James Strachey, 24 volumes, XXI (London, 1961), p. 65.

5. *Ibid.*, p. 66.
6. Marghanita Laski, *op. cit.*, p. 206.
7. Bertrand Russell, *The Autobiography of Bertrand Russell*, 3 volumes (London, 1967-9), I, p. 36.
8. C. P. Snow, *The Search* (London, 1934), pp. 126-7.
9. C. G. Jung, *Memories, Dreams, Reflections* (London, 1963), p. 191.
10. C. G. Jung, 'The Development of Personality', *Collected Works*, XVII (London, 1954), p. 171.
11. C. G. Jung, 'Psychotherapists or the Clergy', in *Psychology and Religion*: *Collected Works*, XI (London, 1958), p. 334.
12. Charles Rycroft, 'Introduction: Causes and Meaning', in *Psychoanalysis Observed* (London, 1966), p. 22.
13. C. G. Jung, 'The Aims of Psychotherapy', in *The Practice of Psychotherapy*: *Collected Works*, XVI (London, 1954), p. 41.
14. C. G. Jung, 'Commentary on "The Secret of the Golden Flower" ', in *Alchemical Studies*: *Collected Works*, XIII (London, 19 67), p. 46.
15. *Ibid.*, p. 45.
16. C. G. Jung, *Psychology and Religion*: *Collected Works*, XI (London, 1958), pp. 81-2.
17. C. G. Jung, 'Commentary on "The Secret of the Golden Flower" ', *op. cit.*, pp. 47-8.
18. William James, *The Varieties of Religious Experience* (London, 1903), p. 289.
19. *Ibid.*, p. 381.
20. *Ibid.*, p. 175.
21. C. G. Jung, *The Transcendent Function*: *Collected Works*, VIII (London, 1969), p. 73.
22. W. M. Thackeray, Roundabout Papers, *The Works of William Makepeace Thackeray with Biographical Introductions by his daughter, Anne Ritchie* (London, 1903), XII, pp. 374-5.
23. J. W. Cross, *George Eliot's Life as related in her Letters and Journals*

(Edinburgh and London, 1885), Ⅲ, pp. 421-5.

24. Friedrich Nietzsche, *Ecce Homo,* translated by R. J. Hollingdale (Harmondsworth,1979), p. 48.

25. Abraham Maslow, *The Farther Reaches of Human Nature* (Harmondsworth, 1973), p. 59.

26. *Ibid.*, pp. 63-4.

27. *Ibid.*, p. 67.

28. William Wordsworth, *The Prelude*: *The Complete Poetical Works of William Wordsworth*, introduced by John Morley (London, 1950), p. 261.